未来 著

懂事儿

过你
想要的
生活

中国文史出版社
CHINA CULTURAL AND HISTORICAL PRESS

图书在版编目（CIP）数据

懂事儿：过你想要的生活 / 未来著. -- 北京：中

国文史出版社, 2024. 7. -- ISBN 978-7-5205-4799-4

Ⅰ. B821-49

中国国家版本馆CIP数据核字第2024MK0217号

责任编辑：卜伟欣

出版发行：中国文史出版社
社　　址：北京市海淀区西八里庄路69号院　　邮编：100142
电　　话：010—81136606　81136602　81136603（发行部）
传　　真：010—81136655
印　　装：廊坊市海涛印刷有限公司
经　　销：全国新华书店
开　　本：16开
印　　张：15.25
字　　数：189千
版　　次：2025年1月北京第1版
印　　次：2025年1月第1次印刷
定　　价：56.00元

# 序言

# 第一章
## 确立你的三观：找到使命，遇见自己

# 第二章

# 找到你的方向：认识自己，穿越迷茫

# 第三章

# 掌控你的时间：锚定当下，高效利用

# 第四章

## 提升你的社交：沟通有效，社交才有用

# 第五章

## 做好自我管理：你有多自律，就有多强大

# 第六章
## 完成你的进阶：打破边界，逆转人生

# 写在最后

### 笑出来——苦难不曾划伤过我的脸

很多朋友初次见我，都以为我是在一个很有爱、很富裕的家庭中长大。也许是因为那一张没有任何阴影的明媚的笑脸，或是我一贯情绪稳定、乐呵呵的性格，但实际恰恰相反，我的整个成长经历，都是带着苦涩的，但这些苦涩并没有在我身上划下伤痕，反而滋养了我。

但真的把这些"不想为人所知"的故事全然公之于众，需要很大的勇气。想了很久，还是决定借着出书的机会，和大家聊一聊我的那段真实过往，就如同老友一般，敞开心扉，没有任何的遮掩和修饰，也想告诉大家"泥泞里的一朵花是怎样开的"。

咬定青山不放松，立根原在破岩中。

千磨万击还坚劲，任尔东西南北风。

### 活下去——千万次救自己于世间水火

我出生在黑龙江一个偏远地区的小农场，在自己知道贫穷这个词之前，我对贫穷就有了刻骨的体会。我住的那个被称为"家"的房子，其实就是在农田中间挖一个大坑，用泥土搭建起来的简易土坯房，代替窗户的是一层薄薄的塑料布，这样的环境自然也是不通电的，所以，那时家里的照明都是靠蜡烛，没钱买蜡烛的时候，就靠月光，那时的月真的好亮、好美，透过窗，一抹抹斜影照在屋里的地下，应了诗人笔下的"更深月色半人家，北斗阑干南斗斜"。

景虽好，实际的生活却不全然是诗意。夏天屋里屋外全是蚊虫，浑身被叮满了包，尤其是肚皮的地方，包摞着包，被叮了一层又一层，真的很痒，也被挠得结痂了，又坏，又结痂。一次去姥姥家，姥姥看我的肚皮都要感染了，用盐水帮我处理，那时候不过六七岁的年纪，只觉得好疼，眼泪唰唰地掉下来，也不敢喊疼，咬着牙挺着。姥姥后来提起这段往事，总感叹说这孩子从小就懂事。

我现在回想，这个懂事其实是对生活苦难的韧性接纳。

夏天下雨，便是我最忙碌的时候，外面下大雨，屋子里下小雨，我几乎要带着厨房里所有的锅碗瓢盆，在屋里接水，盆还不够用，我就得在屋里观察，哪里漏得更多，就先用这些盆去哪里接水，漏得还不算严重的地方，只能先等一等再说。

有一次我正在睡觉，脑袋突然被狠狠地砸了一下，瞬间起包了，迷迷糊糊睁开眼我才发现，外面正在下大冰雹。不幸的是，那年家里种了很多西瓜和香瓜，这些瓜，是全家一年生活的指望，冰雹不仅打在我的头上，更是击碎了一家人的口粮，这一年该怎么活下去？

那时我就觉得，农民好苦，没有文化好苦，父母也好苦，每天面朝黄土背朝天地劳作，但还是要靠天吃饭，若天公不作美，我们这一年就要生活在风雨飘摇之中了。

能吃一顿饱饭，成了我童年里幸福的渴望。

记忆里，那时吃的米饭都是灰黑色的，因为家里没钱买干净的大米，买的都是"碎米子"——招了虫子，受了潮，有些石子、草棍掺杂的那种。所以，我每天的任务之一，就是要在这一堆的东西里，挑出来能吃的米粒给妈妈，用来做饭。家里炒菜老是缺油，一个月下来，菜里头几乎不见油花。菜炒得水叽叽的，吃进嘴里就像是在嚼湿答答的棉花。

到了冬天，日子就更难挨了，东北零下三十几度的低温，没钱买玻璃，家里的窗户全靠一层薄薄的塑料布御寒。父母为了种地，在野地里挖了一个大坑，盖上个土坯房，就是我们的家。那地方有不少的野猫出没，它们冻得受不住了，就经常把塑料布扯出一个大窟窿，钻进家来，带进来的还有凛冽的寒风，吹得人刺骨得寒冷。母亲拿透明胶带去粘塑料布，不几天又被野猫捣乱破坏，就再粘……那层塑料布也千疮百孔，一如我们修修补补的生活。

可我很少叫苦，在严酷的自然环境中讨生活，我学会了另一种懂事叫作绝不屈服。

比起粗陋的物质条件，更让一个孩子苦闷的，是贫瘠的精神生活。

我家方圆五公里内没有一户人家，跟我作伴的只有坟场。幼时太无聊了，我就去数坟墓打发时间，我记得家附近有 300 多座坟。有一天我带着狗出去玩，回来时天已经黑了，路上感觉脊背发凉，好似有什么东西跟着我，一回头，发现有一团团蓝色的火焰一直跟在后面，吓得我赶紧跑，跑得越快，火焰跟得越紧，真吓破了胆。后来妈妈跟我说，这叫鬼火，叫我以后晚上不要出去。长大了我才知道，所谓的鬼火，是因为人的骨髓里有磷的成分。

秋天时，父母都要去离家很远的镇子里卖家里种的这些农作物，到家时都很晚，我就只能自己一个人在家等待。每到夜晚，玉米地里都是狼的叫声，外面还有我惧怕的"鬼"，我只能蜷缩在屋里门口的地上一直哭。因为炕上还有老鼠在乱窜，那时的老鼠不知道是不是成精了，从不怕我，见我一个人在家，就会出来溜达，吓得我哇哇大哭。

幼小、脆弱、恐惧，我就边哭边喊：爸爸妈妈你们什么时候回来呀？我好害怕……

终于听到爸爸妈妈回来的声音了，我赶紧擦干眼泪。

回来时他们问："一个人在家害不害怕呀？"我赶紧说："我挺好的，没事。"

因为我知道，他们已经很不容易了，都在拼了命才能生活，我就不要再让他们担心了，从小我就不想活成一个"拖油瓶"的样子，那时，多希望自己快点长大，能为他们分扫。

这种懂事好像从小就刻在我的骨子里，是不让自己成为别人的"麻烦"。

等到七岁，我终于可以去上学，去接触一个有电、有同龄人、有知识的世界。那个世界就在五公里之外。五公里的距离，如今的我开车只要五分钟，可七岁的我靠两条幼弱的腿，需要步行将近一个小时，甚至更久才能走完。

每天来回加一起两个多小时的步行，将我腹内所剩无几的食物早早耗尽，有一次放学回家，我实在饿得厉害，直接昏倒在了路边，要不是后来赶巧碰到姥爷来家里看我，捡到了路边饿昏迷的我，恐怕那天我就要做了狼的晚餐。

到了下大暴雪的冬天，积雪几乎淹没到我腰的位置，我圧七岁的身体在雪地里开路，即使用尽全力，也只能以近乎爬行的速度前进，等我好不容易到了学校，但还是迟到了。

老师想象不到五公里外的世界跟窗明几净的教室差别有多大，因为班上除我之外的学生都住在学校附近的小镇上，我的迟到被理解成了懒惰和厌学，于是老师让我跟另一个迟到的男生在讲台边上互扇耳光，一直扇到下课才算结束。

那是我第一次萌生出一个隐约的想法，等将来长大了，我要做一个好老师，这个老师可以理解七岁的孩子为了读书，从深埋到腰的雪地游过来的坚毅，理解她浑身僵硬冰冷的无助，这个老师不会谴责她的迟到，而是给了她一个温暖有力的拥抱。

此时我对懂事有了新的理解，它是让我懂人间事，重世间情。

### 练习爱——原生家庭的伤从我这里结束

放学回家，我经常能听到屋里砰砰砰砰打架的声音，或是母亲的哭声，家里总是刀光剑影，每每打架总要付出点血的代价。年幼的我，无法判断孰是孰非，到底是为了什么，家里过成这般情景？记得我 5 岁那年，有一次他们打架，剪刀扎进了妈妈的大腿里，流了好多血，她一个人带着伤步行了十几里路，走到姥姥家去求援。后来康复后，为了年幼的我，妈妈还是回来了。这样的打架三天两头发生，睡觉的时候，爸爸枕头下面放把刀，妈妈枕头底下放把剪子，我真的害怕极了，每天去上学，心里都充满了恐慌，担心妈妈会挨打，甚至会死掉。担心妈妈死了，爸爸就会进监狱，我就会成为孤儿。

终于到了 12 岁那年，我做了人生第一个重大的决定，帮妈妈逃走！

那个年代的农村，大家都没有任何法律意识，父亲在我和妈妈的眼里，是强权，谁也不敢提"离婚"二字。

当我提出"逃跑"的想法，妈妈是反对的，觉得我还小，后来，是我以死相逼，说："妈妈你不走，我就不活了。"她才妥协，同意了我的计划。

那时的我，不知道未来还会不会再和妈妈相见，内心只有一个单纯的想法，让妈妈活着就好……

即便不在我身边，只要她活着，爸爸也还能在我身边，至少我也不会成为孤儿。

12 岁的年龄，那股勇气，那种决绝，现在偶尔想起来，都很佩服自己。

妈妈在时，我都不知道自己的袜子在哪里。她走的前一天，跟我嘱咐了好久，衣服在哪里，袜子在哪里……

我都一一记在心里，更要努力记下的，是她慈祥的笑容和温暖的声音，我不想忘记。因为那时的自己，除了一份倔强和故作坚强之外，一无所有，没有任何可以跟妈妈未来产生联系的东西，没有网络，没有钱，没有手机，没有任何可以通信的设备，妈妈这一走，何时才会再见？还能再见吗？在我心里，这就是最后一次见妈妈了，也是我最后一次听她的嘱托。

自那以后，烧炕，洗碗，做饭，洗衣服，偶尔要喂猪，还要继续坚持学业……都要我一个人来完成了。

我帮助妈妈逃跑这件事很快就被父亲知道了，他愤怒于我的无知，我成了大家口中的"牲口"。他们不能理解，这世上怎么能有一个孩子，会把自己的妈妈逼走？在很长时间里，我都承受着这样的责难。

自那以后，我身上常常带着伤，总是青一块紫一块，极度恐慌和压抑，导致记忆力急剧下降。一次，父亲让我去厨房拿盐，我特别害怕，因为如果拿错了，肯定要挨揍的，嘴里就不停重复，拿盐、拿盐……结果到了厨房还是忘了。不出意料，我又被打了一顿，父亲骂我说："笨死了，啥都不是。"

这样的状态持续时间久了，我内心实在受不了，便想着，人生的意义何在？未来何去何从？觉得那时的人生也没必要活着了，总想逃离。所以，13岁那年，我就喝了农药，味道真的难喝极了，喝完后，我安静地躺在床上，等着人生该来的判决。当时只觉得整个肠道都被烧得难受，迷迷糊糊就睡着了。可能是苍天的怜悯，等我醒了，我发现自己还活着，家里也没有人发现我喝了药。

那好吧，既然活着，就活着吧。我不知道自己的未来会不会过得很幸福，甚至也不敢奢求幸福。

那段时间我怨过父亲，觉得他很暴力，也不讲理，我很怕他，心里也觉得是因为他，才让我不得不离开妈妈，让我每天都在提心吊胆中活着，吃了很多苦……

14岁那年，有一次我写的日记被爸爸发现，他不识字，让来我家玩的姐姐读给他听。他得知我恨他、怨他，又打了我，那次打得很凶，印象里，好像我那时对疼痛都已经麻木了，感觉不到疼了，只是感受到我还能呼吸，好像还活着。同天来家里做客的还有妹妹，那天妹妹跪下，抱着父亲的腿哭着求他："三叔，求你了，别打我姐了，再打就打死了，三叔，你打我吧。"

终于停了……

那天晚上我没睡，眼泪一直在流，鼻涕也在流，淌了一枕头，但我不敢处理，也不敢动，因为家里只有一个睡觉的炕，爸爸也在。

然后，我发现，父亲这一宿也没睡，抽了一宿的烟，唉声叹气了一宿，来回翻身了一宿。

他在我的日记中得知，唯一的女儿恨他、怨他，大概也是痛苦的吧。这痛苦里有他亲手打了女儿之后的不知所措，也有他对自己过往经历的不堪回首。

站在父亲的角度看他这一生，也是好苦呀，我若是他，会怎样？

父亲在他 6 岁的时候，奶奶就过世了，他的后妈对他并不好，零下 30 多度的天气，他只有一条单裤，小时候几次生病，差点失去生命；从小便没有条件读书和受教育，自己的名字到现在还写不全，没有文化；好不容易长大了，做生意被亲戚骗得血本无归；家里着过三次大火，好不容易安置的家，一次又一次地没了；娶了媳妇，家也不像个家，鸡飞狗跳地过日子，孩子又帮妈妈逃跑，只剩下他，可从没有人问他一句："你累吗？"

他又何曾幸福过？

那一刻，想到这些，我很自责、很愧疚。我一直都只看到了自己的苦、自己的委屈、自己的疼、自己的恐慌，却从未真正地用心看过他。其实，几十年的风风雨雨，辛苦劳作，他已经老了，已经满身伤痕，甚至到了只能用酒精麻痹自己才能睡着的程度。愁苦的时候，无人诉说，只能一根一根地抽烟。

没读过书，没有老师，没有妈妈，他的父亲也什么都不管。他6岁开始，便一切都要靠自己，跌跌跄跄地长大，他又能怎样？

或许，能够养活我到今天，已经用尽了他全身的力气和本事。

他无法正确地表达爱，也无法靠自己来疗愈所有的苦难，从小我受过的苦，其实他都双倍地体验过；自己儿时一次，伴随着我的童年，他又经历一次。

那晚，我也知道了，打人的那个人受的伤其实并不一定比被打的那个人轻。

力的作用总是相互的。

我谅解了他所有的愤怒、所有的暴躁。其实一个人内心中，越是没有力量，没有安全感，越是会嗓门大，越是想打人。因为他们想通过这种方式，找到并彰显内心中缺失的那份力量。

就像相爱的两个人说话，一定是小声的、耳鬓厮磨的，因为那时会觉得两个人的心离得很近，即便很小声，对方也能听得见。而吵架的时候，声音会不自觉地变大，因为那时会感觉彼此的心远了，只能靠提高嗓门来让对方听见了。

所以，你看一段关系里，嗓门大，总主动争吵的那个人，才是输的一方。平静的那个人，才是真正内心强大的。

父亲的内心，一直有一个6岁的小朋友，也需要被关爱、被照顾、被理解、被接纳，也需要安全感，有时候，那个 6 岁的小朋友，没有得到这些，他就会跑出来发脾气，甚至打人，那时的他是情难自控的，他也不想这样，因为这世上，没有一个人不想平和、不想幸福。

那晚，我全然地接纳，理解了这个世界上没有不好的人，只有不好的经历。

父亲的经历，也是我走向教育事业的初始动力。

我知道，穷尽我一生，都不可能让这世界上所有的苦难消失，但我希望，当有人遇到苦难时，可以有书读，可以有好的老师，有接受教育的机会，进而有改变自己命运的机会。

教育，是我这辈子从小就想做的事。

我人生的使命就是：我活这一生，有多少人的生命，会因为我的存在，而变得有那么一点点的不同。

这辈子我将穷尽我所能去努力，去点亮自己，照亮更多的生命。

这一次的懂事，带着苦涩的咸味。我懂的事是人的苦、恶的苦，以及谅解的苦。

14 岁那次的事发生之后，父亲对我的看管是极为严格的，从不允许我参加任何同学聚会，也不允许跟男孩子说话，可能是怕失去我，也可能是怕我学坏。因为那时村里，几乎所有没有妈妈的孩子都不上学了，随意处着对象，或者早早就结婚生孩子了。

记得那时家里门上有一个圆的钟表，父亲会在我差不多快放学的时候，就盯着表看。在规定的时间内我必须到家，上下不能差 5 分钟，否则就要挨打。

所以，时不时挨打的日子还在继续中，但内心不再有怨言，我也知道，父亲是为我好，只是他不懂得如何正确地表达爱。

接纳，是一切变好的开始。

但伤痛的种子已经种下，我需要一些时间，慢慢清理余毒，我也在不断疗愈自己……以前连去厨房拿盐几十秒的路程，就会忘掉指令的我，那时学习自然也是一塌糊涂。后来，在我开始学会接纳和谅解之后，学习成绩也开始逐渐提升，但毕竟底子比较差，无论是身体还是内心。我也不是那种天资聪颖的人，只能靠自己傻傻的努力去争取有一个好的结果。

一晃来到高三，第一次高考失败，复读一年，又失败，又复读一年，第三次复读的时候，模考成绩已经达到重点本科了，后来身体虚弱，快到极限了，临近高考前3个月，我有一个多月都是在医院度过的，那时上完厕所，都觉得所有的力量都耗掉了，需要被搀扶着出来，最终，第三次高考结束，我上岸了，虽然不是重点学校，但我很知足。

去大学之前，我跟父亲在炕头摆着的小方餐桌前吃饭，有一次谈话。

我说："爸，以前我曾怨过你打我，但今天我想在出去读书前，跟你说说我的心里话，我真的特别感谢你，这么多年对我严格的管教，没有你的严厉，我肯定就像其他没妈的孩子一样学坏了，不可能考上大学的。这些年你太苦了，我终于长大了，以后有我呢，你再也不用一个人辛苦了。谢谢爸。"

我们相拥而泣。那是我长那么大第一次见到父亲流泪。小的时候，他驾马车出去卖西瓜，马受到刺激发疯，把他从马车上摔下来，马车轱辘直接压折他7根肋骨，这个男人都没掉一滴眼泪。那天，他哭得像个孩子，声音特别大，哭了好久，好像要把这将近 50 年的委屈和辛酸，都在这一刻释放一样。这辈子，终于有个人理解他了，终于有一个人懂他了，我想那一刻的父亲是开心的、幸福的。

后来，他竟提出要送我去大学，我也享受了一次被爸爸送上学的感觉，好温馨。原来，这就是被父亲送上学的感觉呀，挺奇妙的。因为从我上小学一年级开始，入学手续都是我自己办的，从来还没享受过这样的待遇，内心有些小窃喜。那几天，老爸送我上大学的时候，我常偷偷地笑，很骄傲的那种感觉，我家的冰山开始融化了。

### 大声说——重新找回自己的自信

因为上大学之前，爸爸的管教严格，我过的都是极为闭塞的生活，这种生活里没有社交、没有朋友，甚至从没出过自己的村子。

那是我第一次坐火车，到了哈尔滨后，从火车站到学校，还有一段路程，我跟老爸俩人舍不得打车，由此我坐上了人生这辈子第一次的公交车。

车上人很多，我们只能站着，一站一站地停车，我觉得好玩，也有趣，不一会儿，公交车报了我要下站的那个站的名字，但车却没停下来的意思，把我急坏了，这不停怎么办？我们还拿着大包小包的行李呢。我急得大声跟司机师傅喊："师傅停一下车，我要下车，我到站了。"

车上的人，齐刷刷满眼好奇地看着我，还有些人在笑。在疑惑中，不一会儿，车停了，我跟父亲慌张地下车。

直到后来，我才知道，公交车会提前报下站的站名，是为了让乘客提前准备。

就这样，灰头土脸的我来到了大学，站在一群来自五湖四海的同学中。

那时候的我是很自卑的，从来不敢站在公众面前表达自己，说话永远小声，总是坐在教室最角落的地方，生怕被人看到。

私底下，我总是问自己：你出身不如别人，资源不如别人，家庭不如别人，将来怎么才能从一群人里面脱颖而出获得一个好工作的机会呢？怎么才可以找到独属于自己的优势呢？

正是这时追问自己内心的问题，促使我做了一个改变我人生的决定，报名参加一个为期六天的英语学习训练营。尽管当时学费并不算贵，但对于我来说，还是要从牙缝里抠出来。

同是师范英语专业的同学笑话我，未来，你别被人骗了，咱们自己就是这个专业的学生，干吗找别人学啊？

我没有告诉她，这个看着怯弱晦暗的女孩，在她跨进大学校门的第一步，就给自己立下了誓言："在大学毕业的时候，只有我拒绝任何一家企业的权力，没有任何一个企业有挑剔我的理由。"而学好英语是我能想到的最快捷、最便宜、最有效的方法。最终几百个同专业的同学，只有我和另一个学生报名了。

我很庆幸自己做的这个决定。那位校外的英语老师，成了我这一生中真正的启蒙老师。他来自湖南，同样出身贫寒，刚入大学时也是所有人嘲笑的对象，连说汉语别人都听不懂，更别提英语了，但他还是靠自己的努力和投资自己学习，改变了人生。他的故事很励志，他的英语像外国人一样纯正。不仅如此，更打动我的是他特别爱国，这辈子都想尽自己所能，为国家、为社会、为他人去做贡献。

恩师自己曾走过苦难，却想帮助更多的人，自己淋过雨，所以想为别人撑一把伞。

原来，人生还可以这样活。

在我心里，恩师是伟大的，是我的榜样。虽然只教了我六天，却成为我人生的灯塔。未来，我也一定要成为这样的人。原来努力的理由，不只有让自己过得好，让父母过得好，还有帮助更多的人，这才是人生价值所在。

我在大学的懂事，有了更广阔的含义，我懂的是知识的力量，是人生的希望。

从训练营出来后，我决定每天早上六点起床，用这种方法持续练习自己的英语。

哈尔滨冬天的六点，温度极低，天上还挂着星星和月亮，而我又是出了名爱睡懒觉的人，同宿舍的室友笑，"你要能做到每天六点起来学英语，猪都能上树！"

我其实也很怕自己做不到，干脆放话说，要是我哪一天没做到，就罚款500元请全寝室吃饭！

一年时间，365个早起的练习后，我做到了发音完美，可以自如地用英语跟以英语为母语的外籍人士交流，并靠着自己的英语能力开始做兼职挣钱了。

那是学姐创办的一个专门给中小学生补习英语的培训机构，在偏远的郊区，离学校有两个小时车程。当时学姐很满意我的专业能力，给我的酬劳是

15 元钱一个半小时。她就问了我一句话："你能干满一年吗？"

我毫不犹豫地答应了。

此后的一年时间，每个周六日和寒暑假，我都会去给那些孩子上课，来回车程四个多小时，往往是早上六点出门，晚上十点多回宿舍。为了给孩子们多教点内容，我会压缩自己中午吃饭的时间，经常是一个烧饼、一碗豆腐脑就解决了午餐，用时不到十分钟。

付出都是有收获的，在这种高密度的教学工作中，我的能力得到了飞速的提升，孩子们给我的正向反馈也令我喜悦。我记得有一个上初二的小男孩，家里非常穷，来培训机构时连 26 个字母都认不全，在经过我暑假 25 天（每天一个半小时）的辅导后，开学考试一百分满分的卷子，竟然取得了 92 分的成绩。

有一次，他的妈妈跟我说："老师，孩子现在可喜欢学英语了。因为我们全家人都睡一个屋，孩子怕影响我们休息，晚上经常猫在被窝里，偷偷地打着手电筒，一学英语就是两三个小时。"

那一瞬，我特别感动，觉得自己一切的努力都是值得的。原来当老师这么幸福……

我在向着自己的梦想，一步一步靠近：把自己活成一束光，照亮更多的人。

我也明白，真正好的老师，不仅是把辅导的一个半小时的课讲好，更重要的是，让孩子回到家，回到自己学校的课堂上，也愿意去学，才能真正取得优异的成绩。毕竟补课的时间远远少于他在学校上正课的时间，也远远少于他可以支配的自主时间。而这种自主的学习热情，来自他个人强烈的意愿。

学生成绩的提升，80%来自意愿，剩下的20%才来自能力。而我的教学，是尽最大可能地激发孩子的学习意愿。这也是我们很多家长、老师的误区，总是把力气用在能力的提升上，而忽视了个人学习的意愿。教育不仅是传授知识，更是激发孩子的内在动力，培养他们自主学习的热情。

这段经历其实奠定了我日后教学的底层逻辑，时至今日，我在教学跟管理团队上，都始坚持这一理念，激发个人的意愿与热情，比提升能力更为迫切和重要。

也是这一年多的教学，让我从以前那个怯弱自卑的女孩，完全蜕变成长为今日阳光自信的自己。

而我从这份工作里面获得的不光是金钱、能力，也有责任和良知。

在这个培训机构工作半年后，另外一个培训机构的校长通过家长们的口耳相传，非常欣赏我的专业能力，用三倍的薪资聘请我去他的学校给孩子们上课。这个培训机构就在我学校附近，可以节省很多路途时间。可我最后还是拒绝了这个机会，而是将自己同专业的闺蜜推荐过去。

因为我非常清楚，学姐的培训机构是给一群穷孩子上课的。因为钱少地偏，很难找到好老师，相比市里这些有钱人家的孩子，他们更需要我的辅导，就如同当年弱小无助的我一样，教育资源是如此珍贵。

即便当时我跟学姐只是一个口头承诺"我可以干满一年"，可我还是抵挡住了诱惑。

责任感，在那时长进了我的灵魂深处。

我懂了，责任和良心的事。

### 认真想——人生需要更多的体验

等到大学毕业时，我真的实现了自己当初定下的目标，没有一家企业有拒绝我的理由。当时摆在我面前的机会，是新东方月薪两万多的教师聘请书、击败无数名校英语专业毕业生的公办学校编制岗，以及其他优质企业开出的诱人条件。

我认真地想，自己想要的到底是什么？

是优渥的收入？是稳定的铁饭碗工作？还是充满挑战的新事物？

追求钱或是稳定，是吃够苦头的人的本能反应，正是因为知道生存的艰难，人才会趋利避害。可我却想从本能里面抽离出来，从更高的维度去思考自己的人生。

经过一番思考后，我选择了后者——挑战未知，去增加自己人生的厚度。

在一个学生妈妈的引荐下，我以零薪水为条件，去金融行业做实习生。两年后，我的年薪达到了百万元，还通过投资积攒了自己的第一桶金。

在体验了不同的生活后，我开始探索自己内心深处更真实的渴望。

至此，我的人生走进另一个阶段，迎来了新的分水岭。

### 能掌控——对生命负责是我的底色

我天生责任感强烈，这让我在金融行业的"不确定性"面前感到不适。尽管我迅速成长为一名成熟的"金融咖"，但面对那些把全部希望寄托在我身上的客户，我每天都承受着巨大的压力。从业时间越长，超脱控制和认知以外的事情就越多，这种无力感和焦虑，极大地消耗着我。压力之下，我生了一场大病，这让我不得不停下匆忙的脚步，重新思考自己真正想要的是什么。回想起大学时第一份兼职，我心底好似一线光透进来。我意识到，自己的内心中，什么才是我最热爱的事？这辈子我要做什么才能足慰平生？

——唯有教育。

我因帮助他人成长而感觉到真正的幸福。在教育里，可以掌控自己的选择和行动，我可以遇见自己的良知、自己的责任、自己的使命。

想明白这一点后，我毫不犹豫地离开了金融行业，进而回到了我的初心——教育。于是，我在 2018 年创办了与子同行教育的前身，致力于为青年一代提供服务。我深信，教育是改变命运的关键，我愿意为这个关键节点贡献自己的力量。

懂事，懂的是内心的回归。

### 不放弃——我来定义真正成功的人生

2020 年，疫情突如其来，我和我的企业同许多其他公司一样，面临前所未有的考验。线下教学被迫暂停，我们只能寄希望于线上产品的研发，前途未卜，团队人心惶惶。 那时，一家 Pre-IPO 的公司向我发出邀请，承诺高薪和股份。对于这个时期的我来说，这份工作无疑是一个安稳的选择。

我挣扎了：对一直亏钱的我来说，这是个很大的诱惑。继续做，谁也不知道是否有未来？还能撑多久？接受邀请，却是完全没有任何风险跟压力的。

于是，生存的本能与责任感激烈碰撞。思考良久，我还选择了坚守我的教育梦。

有些朋友不能理解，难道你吃的苦还不够多，非得给自己找苦头吃吗？其实并不是我喜欢吃苦，而是正确的事情，有时候就是会很难，既然我选择了这条道路，那眼前的难就是我修行的考验，我怎能因为一点困难就放弃了我的初心和梦想呢？

但现实并未因为我的坚守和信念变得好起来。2021年，公司发生了诸多不可控的变故：核心管理层离开，资金链岌岌可危……那一刻，我几乎可以感受到绝望的重量。

但我从未屈服。我坚信：这个世界上有两种人可以成功。

第一种：发大愿力的人。这种大的愿力，是无论遇到什么样的困难，都可以支撑我走下去的核心动力。我发的愿很明确，就是想通过教育让更多的人发生改变。

"身上有正气，心中有理想，内心坚定，不随波逐流，有目标，沉住气，踏实干。"这段话，我每天都要抄写一遍，以此鼓励自己，努力此生成就自己的愿。

第二种：拥有坚持不懈精神的人。遇到困难，我们会告诉自己，此时正是修行时。为此，我和我的伙伴们一直在践行，尤其是2021年以后：全年无休，就连大年三十都在开线上会议教研课程。日常的工作节奏不是大家常说的很辛苦的996，而是每天的朝9晚2。

无比感恩，陪伴自己一路苦过来的伙伴们。

就这样，一群人，傻傻地坚持了下来，听到了花开的声音。

懂事，懂的是人和人的事。

**听得到——花开的声音**

后来，我们遇见了现在的我们——在奔跑中实现逆境突围，从负债累累到硕果累累：转型线上教育；探索短视频和开启互联网直播；构建新的业务模式，打通新媒体运营模式；开启流量运营赋能；实现全网矩阵几百万粉丝，学员咨询量突破单年百万人次，细分赛道流量做到行业佼佼者，每年辅导学生覆盖全国 1000 多所高校。

随着这一切的开展，我开始听到花开的声音。我渴望将这份成长和变化分享给更多的人。因此，我开始在山顶会、麒麟学社等机构担任企业家导师，尝试将我的经验和思考传递给那些需要的人。

与此同时，我也在深思如何实现企业发展的同时，更好地达成我经营这家企业的初衷：

使命：让天下没有迷茫的年轻人。

愿景：成为每个人终身成长的学习平台。

未来私塾也就应运而生。从 2018 年开始，从企业团队内训到课程学员，再到现在的企业家学员。未来私塾用 6 年的时间，用心酝酿出了自在、舒适、感动、成长的氛围。我相信，当你遇见这里，浸润在这个场域时，你便会理解，因为你已经在欢喜的路上。

截至目前，未来私塾每年都会迎来几批极其优秀和聪慧的同学。当他们学成毕业，都会找到欢喜的自己，以崭新的面貌重返生活与工作。在整个学院学习期间，不时会有同学分享他们生活中发生的奇迹般的变化：变得更好看了；理解和更爱自己的家人了；夫妻关系更和谐了；重新认识自己，更喜欢自己了；内心更笃定了，找到了内心的大师。

为此，未来私塾这个生命体在与同学们的相互成就、相互点亮的过程中，持续升维、迭代，焕发新生。我想，未来私塾最大的意义就在于帮助有缘人：探寻幸福的能力，遇山、遇水，遇见全然本真的自己。

探寻幸福：通过多维度的自我探索，解密幸福的本质，发掘培育内在的力量；

遇山、遇水：发现自我，超越自我，最终成为生活的智者；

遇见全然本真的自己：倾听自己、接纳自己、挑战自己，找到属于自己的光芒，成为自己心中的大师。

在这里，我们都是学习者，更是未来的创造者。

在这里，我们可以带走一套生活和工作的方法论体系，让你遇见更欢喜的自己。

在这里，我们的每一步成长，都是对未来的一次探索和贡献。我们期待着，能以这份成长的力量，照亮自己的未来，也照亮这个世界的未来。

每年我也会带领团队持续开展公益活动：资助贫困学员学习；点对点捐赠孤儿院；贫困山区一对一帮扶，资助他们生活和学习费用……

我深知，从苦难中成长起来的孩子，最渴望的是爱和学习的机会。我坚信，教育能够改变命运，爱能够温暖人心。我希望，通过我们的努力，能让更多的孩子看到希望，未来他们长大了，也能去帮助更多需要帮助的人。这些日益成为我们团队的共识，也融入我们企业的基因中。

懂事，懂的是使命的事。

有人问我，为何坚持要带着团队投身公益？这源自我在孤儿院的一次深刻体验：

2015年，我第一次去孤儿院资助孩子们的时候，看到那里的孩子几乎全是身有残障的儿童，一问才知是因为这里正常的孩子，都被人领养了，剩下这些残障的孩子，很少有人愿意领养。那一刻的我满是心疼，就想尽我所能多帮帮他们、多陪陪他们，但那是第一次去看孩子们，院长特别直接地告诉我，不允许我跟孩子们待太久，顶多20分钟时间就让我离开，我不解，问她为什么？

院长说，因为如果你偶尔来，但一次待的时间过长，孩子们就会对你产生感情，如果你后期又不来了，孩子们的内心会很受伤，就像再次被抛弃一样，一次次去信任一个陌生人，一次次又被抛弃，孩子们会受不了。

这话瞬间令我落泪，爱需要信任，也需要长情。

后来，我常去那里，每次去都会陪他们好好玩耍，推他们玩秋千，教他们一起玩翻绳，智力还可以的孩子，也教教他们英语……

我记得有一年春天的时候，气温仍是寒冷的，孤儿院里的花只开了枝头小小一朵，等我从院里出来时，满头满枝的花儿争相盛开。我第一次意识到，植物界的开花是件多么神奇的事，一朵花盛开，就会有数千、数万朵花盛开，哪怕相隔甚远，它们也能感知彼此，就如同花儿之间有某种密语在流动。

我想，流动的便是爱吧！

而我，愿做那早春第一朵盛开的花，带领千千万万的花儿绽放。

你愿意，跟我一起去倾听万物的声音，懂事儿吗？

# 第一章

## 确立你的三观：找到使命，遇见自己

茨威格说："人生最大的幸运莫过于在他的人生中途，即在他年富力强时发现了自己的人生使命。"使命何处求？通过世界观、人生观、价值观的确立。确立三观，找到使命，是自我实现的重要一步，更是遇见真实自我的关键途径。在这条探索的道路上，我们将慢慢发现，真正的幸福和满足，源自内心深处对自我价值的认同与追求。

# 树立正确的三观，人生才会无悔无憾

我们经常谈及"三观"，那么，什么是三观？它是指一个人的世界观、人生观和价值观。

"三观"一词的来源可以追溯至古代儒家经典《孟子》。在《孟子·告子下》一章中，孟子提到了"三观"的概念，他说："观乎天之道，执乎天之行，照乎民之所丧，救乎民之所溺。"这里的"观"指的是观察、认知，而"三观"则是指对天道、人道和人伦的观察和理解。由于孟子在古代儒家思想中的重要地位，这段话被后人引用，并随着历史的发展逐渐演变成为对一个人整体思想观念的描述，即今天我们所说的"三观"。

从古至今，三观被视为构建个人品德和道德的基石，是反映一个人内心世界的三个方面。虽然心是看不见的，但我们可以通过观察它的外在表现来进行理解。孔子在《论语》中指出，我们可以通过"视其所以""观其所由""察其所安"来将一个人看透彻。可以说，一个人的三观决定了他的行为、态度以及对待他人的方式。具有正确三观的人通常秉持着正义、宽容和善良的准则，而缺乏正确三观的人则可能表现出自私、狭隘和冷漠的行为。

当然，所谓的世界观、人生观、价值观，并非简单的学术概念，而是需要通过深刻地感悟才能真正理解其本质。

世界观。一个人或一个群体对世界的基本看法和理解，不同的人看到的世界是不同的，这就是世界观。孟子曾劝说梁惠王实施仁政，关心民生。梁惠王问道："那我应该怎么做呢？"孟子答道："先王之道，仁政为急。若不如此，又何以称霸王呢？"孟子的回答展现出他坚定的仁政理念，也说明"仁政是治国安邦的根本"就是他的世界观。

人生观。人生观最大的要点就是我们的人生态度，我们的活法。诸葛亮毕生忠诚于刘备，支持蜀汉，最终献身国事。他在《出师表》中写道："臣本布衣，躬耕于南阳，苟全性命于乱世，不求闻达于诸侯。"这段文字反映了诸葛亮的人生观，即忠诚、勤政、为民，将个人命运与国家民族命运紧密联系在一起。

价值观。价值观是指人对于什么是重要的、有意义的和可取的事物的信念和原则。苏东坡的官场生涯一共经历了三次贬谪，他曾自嘲说："问汝平生功业，黄州、惠州、儋州。"他43岁时被流放至湖北的黄州担任团练副使，59岁时被贬至广东惠州，最凄惨的是年过六旬又被流放到了二地贫瘠只有黎族人居住的海南岛。苏轼曾这样描述当时海南岛的"半开化"生活："吃无肉、病无药、住无房、交无友、冬无炭、夏无凉水。"不过，艰苦的生活环境并没有打倒这位大诗人，他很快就找到了三大快乐："旦起理发、午窗坐睡、夜卧濯足。"是的，你没看错，就是这么简单的快乐三部曲：早晨起床梳头，炎热的中午坐在窗边静静安睡，晚上洗脚（因为条件有限，只能"干洗"，也就是用手搓脚，直到搓红）睡觉。苏东坡的这段经历无疑表现出他的价值观，即不管生活多苦，都要找到生活的意义，竭尽全力美化自己的生活。

所以，只有树立了正确的三观，我们才能在人生的道路上行稳致远。世界观决定了我们如何看待世界和我们在其中的位置，人生观指引着我们如何对待自己的生命和命运，价值观则成为我们行为的准则和标杆。

对于每个人而言，塑造正确的三观并非易事。它需要不断地思考、体验和修炼。在面对挑战和困境时，正确的三观能够给予我们勇气和坚持不懈的动力。无论是诸葛亮精忠报国，还是苏东坡逆境寻找生活乐趣，无不都是在彰显正确三观的力量和价值。

因此，我们应该时刻警惕和反思自己的三观是否正确，努力修正和完善它们，尤其是年轻人。因为对于年轻人来说，现在正是确立三观的好时机。越是年轻的时候确立三观，清晰人生的方向，你的人生奋斗起来才会更有力量，你才不会在年轻的时候感到迷茫，而当你遇到很多选择的时候，你才会有一套属于自己的方法论来帮助自己做出明智的选择。总而言之，让你人生无悔无憾的武器就是你正确的三观。

# 你能与多大的世界发生联系，你就能走多远

每个人看到的世界是不同的，这就形成了不同的世界观。而个人的世界观，其实就是你相信自己能够与多大的世界发生联系。

世界观并不仅仅是对外部世界的认知，更是一种对自身在世界中的定位和认知。正如周总理曾铿锵有力地说："我为中华之崛起而读书！"这就是周总理的世界观，它与中华发生了联系。那你和我，又是为了什么而活着呢？你相信你这一生，能够与多大的世界发生联系呢？你相信你能与越大的世界发生联系，你的格局就越大。

一个人对自己与世界的关系的认知和信念，直接影响着其个人的格局和眼界。如果一个人相信自己有能力与更广阔的世界发生联系，那么他就会具备更为开阔的视野，他的格局就越大。

一个拥有大格局的人，不会被狭隘的个人利益束缚，而是能够更好地理解和关注整个世界的变化和发展。他会更加开放和包容，能够欣赏和尊重不同文化、不同观点之间的差异和多样性。同时，他也会更有勇气和能力去面对挑战和困难，不畏惧失败，敢于追求更高的目标和更远的梦想。

比如有两个孩子，一个孩子从小就立志要为国家和民族而奋斗，另一个孩子则从小就为了父母各种各样的"奖励"而努力。第一个孩子也许从小就受到家庭或环境的影响，小小年纪便将自己的未来与国家和民族的兴荣联系在一起。在他的潜意识里，"我好，国家就好""我好，民族就好""我好，我家就好"的念头已经萌芽，并随着年龄的增长和阅历的加深而茁壮成长。

而第二个孩子，父母为了促使他的每一次进步，从他小时候起就给他制定了周密的"奖励机制"。于是他的每一次努力，都不是为了成绩本身，而是为了得到变形金刚、卡片、零食等奖赏。无须多言，第一个孩子与更大的世界发生了联系，所以他拥有比第二个孩子更大的世界观。这样的两个孩子，当他们遇到困难的时候，第一个孩子应该会更加坚守，因为国家、民族和家人都是不能轻言放弃的；相比之下，第二个孩子或许就不那么坚守，因为吃的、玩的带给他的动力并不会大到他能够下定决心与困难抗衡，这时他很可能会想，算了，大不了不要玩具不要零食呗。

因此，如果一个人相信自己能够为更大的世界，比如说为国家、为家族、为团体做出贡献，就如同上面的第一个孩子，当他在职业生涯或在人生路上遇到巨大困难的时候，总会有源源不断的内在动力支撑他不断前行，超越困难，走向巨大的成功。而如果一个人的世界观很小，就如同上面的第二个孩子，当他遇到的困难很小时，他可能更有动力。因为他想要的东西很"小"，很容易得到，他只需要跨过那个小小的困难就能够得到满足。

工作中，你要激励后者的话，就得不断改变标的物，比如今年给他五千元的薪资，明年为了激励他更好地工作，你就得给他把薪资涨到六千元。不仅如此，如果在工作中遇到较大的困难，他就容易退缩，容易放弃。这时候他往往会产生这样的念头："大不了我不要这六千块钱呗，我换个工作还不行吗？我可不想为了这点儿钱受苦受累受委屈。"他之所以会有这样的想法，是因为他的世界观很小，他只与自己产生联系，而不是与更大的世界发生联系，一旦他感觉自己不在舒适区，就会萌生放弃的念头。这也是很多年轻人不断跳槽的原因之一，在他们身上，放弃已经成为一种习惯。很多职场新人每三五个月就会换一次工作，更有甚者十天半月就走人。当然，我们不得不承认，一部分客观原因可能是他选择的企业不是很好，又或者企业面临倒闭，使他不得不被动跳槽。但更多时候是自身的原因所致。你要知道，这个世界上没有一家企业是完美的。比如我特别喜欢和崇拜的华为，即使是这样一家优秀的企业，每年也会有不少员工离职。所以，再完美的企业也不可能在方方面面都满足所有员工的需求，就像这个世界上不可能有完美的人一样。

在职业的道路上，年轻时的我也曾有过一段痛苦和迷茫的时期。那时，初入社会的我一直想找到一个完美的企业，找到一个完美的老板，想要为它奉献我一生的时间、精力和努力。所以我去了很多家企业面试。当然，对于我来说，这也是双向面试，在对方面试我的时候，我也在面试企业和老板，考量它值不值得我用一生的时间去跟随。我抱着这样的心态面试了几十家企业，但最后没有选择任何一家，因为我始终没有找到一个既有格局又有能力的老板——我心目中的完美老板是既愿意为社会做贡献，为社会创造价值，同时也有自己的一套经营理念和管理能力。我甚至想象，这个老板不仅要长得很帅或者很漂亮，而且家庭也经营得很好，对员工也很大气，总之，是集万千优点于一身的人，我觉得只有这样的人才值得我跟随一生。但是似乎很遗憾，我未能找到这样的人。直到有一天，一个朋友对我说："未来啊，你是在找你生命中的圣人。你何必痛苦呢？这世界上本就没有圣人。"朋友的话一下子点醒了我，是啊，这世上根本就没有完美的人，没有完美的家庭，没有完美的父母，也没有完美的企业。我们不要总是去挑剔企业和老板的问题，而应该扪心自问：我自己足够完美吗？我的个人价值是什么？这些才是我需要解决的问题。

　　在工作中，如果我发现了问题所在、缺点所在，如企业产品有问题、服务有问题、营销有问题。很好，这就是我实现价值的契机。我不要逃避，而是竭尽所能地去解决它，这就是我的价值所在。如果我解决问题的能力逐渐提高，我在这家企业就能够得到很好的晋升。如果得不到晋升，也没有关系，我只要继续努力就好，未来终有我发光发热的地方。如果这家企业一直看不到我的优秀，届时我再去找一个其他的企业，这就是我们常说的借事炼人。很多年轻人总是抱怨不喜欢自己的专业，不喜欢自己当下的工作，等等。其实，我建议大家可以换一种思路，与其纠结于我喜欢什么，不如脚踏实地地去提升自己的能力。工作这件事，喜不喜欢不重要，重要的是你能否通过它提升自己的能力——可以是任何能力，比如业务能力、语言表达能力、沟通能力等。所以，亲爱的朋友，亲爱的年轻人，不要频繁地跳槽，不要频繁地放弃，不要让消极退缩成为你人生的一种习惯。试想，如果一个人一遇到困难就放弃，他能有多大的成就呢？

　　在家庭中，如果你认为父母有缺点，应该以积极的态度去弥补和改善。这不仅是我们的责任，也是我们成长的机会。不要担忧自己会无意中继承这些缺点，而应相信自己有能力去识别并解决它们。只要你自身具备解决问题的能力，那么父母的缺点会使你多一份觉察和努力，不仅能够避免父母的缺点，还能继承并发扬他们的优点，从而实现个人的成长和家族的传承。

　　所以我一直强调，你的世界观越大，你对抗困难的动力就越大，你就越容易获得成功。中国互联网行业的巨头马云，在互联网兴起之初就敏锐地洞察到其中的巨大商机，他相信互联网将改变世界，改变人们的生活方式，于是毅然决然地创立阿里巴巴。这就是他的世界观，它体现在他对商业的理解和追求上，他相信自己可以与全球的商业体系发生联系，于是不畏非议，一心致力于建设一个开放、共享的电子商务平台，将中国的企业与世界各地的消费者联系起来。在创业过程中，他虽然经历了资金缺乏、扩张困境、互联网泡沫破裂等困难和挑战，但是那个与全球商业连接的更大的世界让他有更大的跨越的动力。最终，他排除万难，成功打造了一个世界级的商业帝国。

由此可见，你相信你能与多大的世界发生联系，你就能走多远。只有当你的世界不只装着你自己，还装着父母、装着家族、装着社会、装着国家……你才能拥有优质世界观，你的人生才可能有一个更高维度的轨道。

## 你的使命，就是你世界观的实践归宿

我们可能经常会发现，如果一个人的世界观不明确，他就会越活越痛苦。哪怕他的物质生活越来越丰富，赚的钱越来越多，社会地位越来越高，但他始终感觉到迷茫，不知道自己努力奋斗是为了什么。

很多人一开始可能会把追求财富作为目标，但当财富积累到一定程度，满足了基本的物质需求后，他们可能会感到迷茫，仿佛一下子失去了奋斗的意义。人的一生在物质享受上是有限的，无论是食物、住所还是日常用品，我们真正需要的并不多。例如，一个人所需的不过是一张床、一个家，以及每日三餐。

从另外一个层面来说，对于物质的享受和追求的边际效应是递减的。当你饥饿难耐时，我给你一个馒头，你会觉得特别满足，特别感恩。但随着我给你更多的馒头，你的满足感会逐渐减弱，直到你完全饱足，不再需要更多。所以，随着物质条件的改善，额外的物质收益带来的满足感、幸福感都会减弱。因此，理解并接受这一原理，有助于我们重新审视生活的意义，寻找更深层次的满足和幸福。

如果一个人只是一味地向外索取，想要得到更多的金钱和权力，最终他会发现，"幸福"二字对他来说是很难真正把握的。因为，无论你拥有多少的财富或多高的地位，总有人比你拥有的更多。在这种无休止的追逐中，他们可能会感到身心俱疲，幸福感也渐行渐远。这时他才恍然大悟，原来真正的幸福都是与他人发生联系的。只有把欲望转换成为愿望，才能够获得更大的幸福，因为欲望是为自己，愿望是为他人。很多时候，人的痛苦都与自己的欲望有关，都与我想得到什么东西有关，这就是所谓的爱而不得。所以当你痛苦的时候，不妨换一个思路：我能为我的家人做些什么？我能为我的国家做些什么？我能为这个世界做些什么？当你从一心为己的模式里抽离出来的时候，你会发现你的世界变大了，你的世界观变大了，你的视野变大了，你未来的路也随之变得更加宽阔。

俗话说，"将军有剑不斩苍蝇"，意指真正的智者不会为琐事所困。如果你的世界观很大，胸怀宽广，你就不会因在地铁里被踩了一脚或公交车上的一点小摩擦而大动干戈。因为你会觉得这件事情太小了，根本不值得在乎和理会。

然而，现实中有些人变得很极端，遇到一点事情不开心，就会采取极端的方法。这往往是因为他的世界太过狭窄，窄到外界的任何风吹草动都会使他痛苦，使他认为自己的世界、人生被打乱了。其实，明明是一些芝麻小事，却被他无限放大，认为糟糕透了。如果一个人有着清晰的世界观，相信自己能与这个世界建立更深层次的联系，他就不会为了一些琐碎的事情而斤斤计较，比如别人用了一点卫生纸或开水。他会认为这些小事不值得自己花费时间和精力，更愿意将注意力集中在更有价值和意义的事情上。所以读者朋友们，如果你发现自己还在为一些小事烦恼，不妨重新审视自己的世界观，试着将个人的欲望转化为对他人和社会有益的愿望。

同时，世界观的塑造，应从孩童时期着手，与家庭的熏陶息息相关。在一个家庭里，作为父母，要从小就在孩子心中播下这样的种子：我好爸爸妈妈就好，我好家庭就好，我好家族就好，我好城市就好，我好民族就好，我好国家就好，我好世界就好，我好宇宙就好……这才是大的格局。通过这样的教育，孩子们会渐渐明白，他们的成长和进步不仅关乎自己，更与周围的人和环境息息相关。他们将学会，通过自我提升和积极行动，可以为他人带来正面的影响，让周围的世界变得更加美好。这样的教育，将帮助孩子们树立宽广的世界观，培养他们成为有责任感、有爱心、有远见的人。

大学时我特别努力，主要是因为家里穷，再加上父亲身体特别不好，心脏一分钟跳四十几下。我极其恐慌，如果父亲需要治疗，绝对不是一笔小的数目。所以，我拼了命学习，拼了命提升自己的能力。

有一次姑姑告诉我，我的父亲住院了，不过现在已经出院。她说父亲鼻子一直出血，农村的医院堵不住，连夜转到市里的医院才好不容易把血止住了。那一次是我感受到父亲离死亡最近的一次。姑姑说我差一点儿就见不到我父亲了，因为担心影响在外地念书的我，所以他们等父亲出院才告诉我。我听到消息后整个人哭成泪人儿，哭了好几天，虽然父亲已经安全出院回家了，但是那种差一点儿就失去亲人的恐慌感让我很长一段时间夜不能寐。有一次我梦见父亲生病了，非常严重。我从梦里哭着醒来，发现泪水早已沾湿枕头。

当时我就告诉自己，努力！努力！再努力！再往后，我心中始终有一个坚定的信念：我必须优秀，才能为父母提供更好的生活保障。这份信念驱使我在大学期间发奋图强，不断提升自我。从大一下学期就开始做兼职，每个周末早上 6 点钟起床，乘坐两个小时的公交车去教学地点，晚上 8 点钟下班再乘车返回，常常在深夜十点才能回到学校。虽然辛苦，但我从未想过放弃。因为在我的世界观里，父母始终占据着重要的位置。我深知，只有我过得好，他们才能安心。我赚钱了，有了经济实力，如果他们有一天生病了，我才能给他们看得起病。我也深知时间的宝贵，不愿留下"子欲养而亲不待"的遗憾，因此我选择在年轻时更加努力拼搏。

即使是多年后的现在，我依旧可以用拼命来形容我自己。总之，我世界观的初始阶段就是心中为父母。如果只为我自己，我可能觉得不用那么努力也行，而且可能我也做不到那么努力。所以后来我有能力让父母过得更好了之后，就开始带父亲到全国各地去旅游，带他去看 3D 电影，带他去吃西餐，带他享受所有我享受过的认为很好的地方。再后来，我在杭州安了家，把爸爸妈妈（他们早年就分开了）都接过来。看着他们握手言和，一起吃饭，一起谈笑风生，一起购物买菜，我觉得人生的幸福何求，不就是一家人的安乐吗？我想，我真的可以问心无愧地说，我做到了儿女应尽的责任。

我始终相信，一个年轻人的努力，不仅是在塑造自己的未来，在某种程度上决定着你父母生命的长度和年老时生命的质量。我好了，我的父母自然也会好。这不仅是我人生的第一层世界观，更是我行动的驱动力。

当我把父母和家人照顾得很好，自己也还不错的时候，我人生奋斗的动力究竟是什么？我想是我的企业伙伴们，我希望通过自己的努力，让他们变得更好，让他们都可以靠自己的能力在理想的城市安居乐业。所以，在管理中，我会高标准、严要求。我常在公司开会时说：我们终将离开，就像生命终将结束一样，这是不可改变的自然规律。我们应该从终点出发，审视自己的工作和生活，勇敢去面对，而非假想的逃避。

所以，后来每当问及"当你离开这家企业的时候，你想获得什么？"伙伴们的答案都指向同一个目标：可以发展得更好。这让我明白，企业和员工的目标其实是一致的。

而我的答案或心愿是：当伙伴们有一天离开这个企业的时候，他们不仅可以赚 3 倍于这里的工资，还能有独立去面对困难的勇气和能力。所以，我会严格一些，我带的伙伴也会更努力，自然也都取得了还不错的结果和成就。我坚信：当他们变得更好后，他们的家庭甚至家族也会随之受益。这也就是我第二层的世界观："我好了，我的伙伴们就好了，我们的企业自然也就更好了。"

然而，当我有能力令我的伙伴们变得更好的时候，我人生奋斗的动力在哪里呢？这就引出了我的第三层世界观。

我希望将目光投向更多的年轻人。我希望通过自己的努力，让这个世界上更多的年轻人变得更好，不再过迷茫摆烂的人生。当我看到很多的学生寒窗苦读考上大学后，彻底放松，甚至逐渐迷失了自己，不再努力的时候，我是无比痛心的。毕竟时代变了，不再是那个毕业即分配的年代。相反，当前时代，对他们未来的发展所需要的能力要求更多。

### 1. 硬实力

专业技能：掌握与工作相关的专业知识和技能，这是职场成功的基础。

教育背景：高等教育和相关领域的学位证书可以为职业发展提供更多机会。

资格证书：专业资格证书，如会计、工程、法律等领域的认证，可以增加职业竞争力。

技术能力：掌握必要的计算机技能，如办公软件操作、编程语言（如 Python、Java）；了解并应用新兴技术，如人工智能、大数据分析。

语言能力：掌握一门或多门外语，尤其是英语，可以增加职业机会，特别是在国际化的工作环境中。

### 2. 软实力

人际沟通能力：有效的沟通能力可以帮助你更好地与朋友、同事、客户和管理层交流。

语言表达能力：清晰有力地表达自己的观点，能更好地展现自己，更容易获得他人的信任与支持。

团队协作能力：在团队中发挥积极作用，促进团队协作和提升团队凝聚力。

领导力：管理团队的能力，也包括激励和引导团队成员的能力。

解决问题的能力：面对问题时能够迅速找到解决方案，是职场中不可或缺的能力。

情绪管理能力：控制和管理自己的情绪，保持冷静和专注，尤其是在压力下。

自我驱动能力：有强烈的自我驱动力，能够自我激励，不断追求进步和成长。

学习能力：持续学习新知识和技能，保持竞争力，适应不断变化的职场环境。

### 3. 其他能力

职业规划：明确自己的职业目标，并制订实现这些目标的计划。

人脉网络建设：建立和维护职业网络，这可以为你提供更多的机会和资源。

时间管理：有效管理时间，确保工作和个人生活的平衡。

所以，我希望尽我所能，和我的伙伴们一起，帮助更多的年轻人在职场和生活中更顺利地前行。

这就是我的世界观，虽然看似简单，但它的形成却经历了漫长的实践过程。我曾在 20 多岁时怀揣梦想，希望在 35 岁前积累足够的财富，然后寻找一处世外桃源"隐居"起来，远离尘世的喧嚣，享受宁静的生活。然而当我步入而立之年，我找到了自己一生的使命和方向——投身于年轻人的教育事业。我深信，只要世上还有迷茫的年轻人，还有迷失方向的灵魂，我就有责任去引导他们、帮助他们。我想通过这一生，让更多人的生命能够因为我的存在而有那么一点点的不同。这就是我这一辈子的使命，我的追求，我的梦想。当我心中装下很多人的时候，我的努力就不会停歇，即使遇到困难我也一定能够坚持下去。

所以，当一个人有了明确的世界观，当他的世界观很大的时候，他的行为就会变得很自觉，他就会变得非常努力，并且百折不挠。因为他已经将自己与他人、与家族、与国家、与世界建立联系，他赋予了自己不同的重要使命，他绝不会轻易放弃，绝不会让他世界里的人输。

## 好的使命，一定是利他的

在前面的"价值观"一节中，我们探讨了个人使命。个人使命随着我们角色的转变而变化，它是我们世界观的具体体现和实践。我是在而立之年才找到了自己一生的使命和方向，即投身于年轻人的教育事业。我想要引导和帮助那些迷茫的年轻人，让更多人的生命能够因我而变得不同。

事实上，这也是我的企业的使命。

稻盛和夫曾说，个人生命的使命感首先在于磨炼自身的品德和心志，其次在于为社会、为他人贡献力量，即具有一种利他的处世态度。这种使命感也可以被视为上天赋予我们生命的重要意义。

真正的使命感必然源自纯洁而美好的心灵信念，而非出于个人私利的动机。而企业的使命感又是什么呢？稻盛和夫先生进一步阐释：企业的存在并不是为了实现经营者个人的欲望或愿望，而是为了保障员工现在和未来的生活。这是一种超越个人利益，以社会福祉为己任的崇高追求。

在瞬息万变的商业世界中，企业使命不只是挂在墙上的标语，更是企业前行的方向和灵魂所在。真正优秀的企业使命往往带有一种深远的利他精神，不仅追求商业上的成功，更致力于对社会产生积极的影响。

拿我自己的企业来讲，我会不定期带领团队做些公益，比如资助贫困学生、点对点捐赠孤儿院，以及贫困山区一对一帮扶。我坚信教育能改变人的命运，爱能温暖人心。这些理念已深深融入我们的企业基因。

因为坚持这种利他思维，我们的发展一路都很扎实。新冠疫情虽然给我们带来了不小的冲击，但我们的团队成员选择肩并肩，一起克服困难，这让我们越来越好。我深信，这与我们企业的使命是分不开的："让天下没有迷茫的年轻人。"越是艰难时刻，越是需要我们站出来坚守的时候，顺境时长个，逆境时长根。这种使命感，让我们在逆境中更加团结，也让我们的企业在挑战中不断成长。

真正的使命必然是利他的。在大的商业生态中，一个完全利己的存在是没有价值的。这也是为什么很多优秀的公司特别重视企业使命，将其置于公司战略的核心地位。

我在自己开设的"未来私塾"面试的时候，最看重的，就是这个企业家，有没有利他精神？他经营企业的初心是什么？他的使命是什么？想为社会、为他人做什么？

如果在与面试者交流时，发现他的话题全部围绕着如何赚钱、如何将公司做强做大，但对员工的成长、对社会的责任却只字不提，那我就不会录取他，生活中也不会选择跟他成为朋友。

# 人生观就是知道我是谁

人生观是个人在成长过程中形成的，受家庭、教育、文化、宗教和个人经历等多方面因素的影响。一个成熟和全面的人生观可以帮助个人更好地理解自己，做出符合自己价值观的选择，并在生活中找到满足和幸福。

## 一、你扮演了哪些角色？

人生观可以分为三个层面，其中最简单的一个层面就是角色，即最外在的表现。

每个人在不同的场合中都会扮演不同的角色。例如，一位女性在职场中可能是职员、总经理、HR 或者老师，而在家里她可能是女儿、妻子或母亲。每一个角色都赋予了她不同的责任和期待。这就像是一场精心编排的戏剧，每个场景都需要我们以不同的方式去演绎。如果在错误的场景扮演了错误的角色，结果可能适得其反。在家庭生活中，作为女儿、女朋友或妻子，你可以尽情撒娇，享受你的特权。但在职场中，如果你总是以撒娇的方式请求帮助，可能一开始会得到一些便利，但时间一长，别人就会觉得你不够独立、不够专业，这不仅影响你的形象，还可能限制你的职业发展。毕竟，职场需要的是能一起扛事、一起成长的伙伴，而不是总想着撒娇或依赖别人的人。

确实，无论走到哪里，找准自己的位置，扮演好自己的角色，都是至关重要的。在这点上，我还是践行得不错的。我创办的未来私塾，学员群体主要分为两类：一类是包括大学生和精英职场人士在内的青年人；另一类是企业家群体。尽管他们的身份和年龄各异，甚至有些学员和我的母亲同龄。但在课堂上，他们都是我的学生，而我是他们的老师，老师就是我的角色。如果我在课堂上以晚辈的身份自居，课堂氛围就全乱套了，教学效果也会大打折扣，这样的课堂注定是失败的。

在职场和生活中，扮演好每一个角色，不仅是对自己的尊重，也是对他人的尊重。只有这样，我们才能在各自的领域中，展现出真正的自我，实现个人的价值和成长。

### 二、自我身份认同感——你是谁？你从哪里来？你要去往哪里？

人生观的第二个层面是回答"我是谁"的问题，这不仅是哲学上的探索，更是我们身份认同感的体现。

"有人说，保安其实就像是生活中的哲学家。他们每天问的三个问题：'你是谁？你从哪儿来？你要去哪儿？'看似平常，却触及人生的根本。一个人能在哲学层面清晰地回答这些问题，往往就展现了他的人生观，用一个更接地气的词来说，这就是身份认同感。当一个人对自己的角色和位置有着清晰的认识，他的身份认同感就会增强，从而在生活的各个层面展现得更有底气，能自信地面对各种挑战。"

例如，一个人当了小偷，哪怕他这一辈子以小偷这个职业为生，他也不愿意被别人指着鼻子说他是个小偷，因为他内心清楚，这并不是他想要的身份。所以，他永远无法从中获得自我身份的认同感，更别说以小偷为荣。所以，当一个人不能认同自己的身份时，他的人生就会很纠结，会彷徨、迷惑、茫然。

一个医生，他的身份认同感不仅来自他在医院的职位，更来自他救死扶伤的成就感和对社会的贡献。当他面对病患时，他知道自己是谁，也清楚自己的使命。

他从哪里来？他经过医学院多年的学习和实践，走上救死扶伤的道路。

他要去哪里？他的目标是：提升自己的医术，治愈更多的病人，为人们的健康做出贡献。这样的身份认同感使他在工作中充满动力和方向感。

文化认同感也是身份认同感的重要组成部分。身为中国人，我们的身份认同感不仅来自自己的国籍，还来自我们对中国文化的自豪和热爱。我们通过学习历史、文化和传统，来增强对自身身份的理解和认同。这样的认同感让我们知道自己是谁，从哪里来，并且希望通过自己的努力，让更多人了解和认同中国文化。

明确的身份认同感不仅帮助我们回答"我是谁"，还指引我们理解"我从哪里来"和"我要去往哪里"。当我们对这三个问题有了清晰的答案时，我们的人生道路就会变得更加坚定和自信。这种认同感帮助我们找到自己的方向，实现我们的梦想。因此，培养强烈的身份认同感，对于每个人来说都是至关重要的。它让我们更坚定，更有力量去追求我们想要的生活。

### 三、衡量成功的内在标准：听从自己内心的声音

谈到人生观，我们常问自己："我的人生成功吗？"我认为，这个问题可以从两个角度来看：社会怎么看和你自己怎么看。

社会标准通常看重物质财富、权力和社会影响力。比如，你的收入、你的财产和你的社会地位等。然而，如果你只用这些来衡量自己的成功，很容

易会感到痛苦和不满足。因为总有人比你赚得更多、住得更好，这种对比会让你陷入无尽的焦虑和不安。

内在标准则更关注你的价值观和内心的声音。它无关乎金钱、名利，而是你自己对成功的定义。它不在于你拥有多少，而在于你是否感到满足和快乐。成功对你来说，可能意味着家庭的幸福、个人的成长或是对社会的贡献。这种成功，是别人看不见的，但对你来说却意义非凡。

2020年，肆虐的疫情导致我所从事的线下教育行业受到巨大冲击。一家准上市公司向我抛出橄榄枝，年薪100万元并附带期权和股份。面对这样的诱惑，我不断问自己：我的人生观是什么？我如何衡量成功？如果因一时的困难就退缩，我将如何实现教育的初心和梦想？经过深思熟虑，我选择继续坚守教育行业。虽然与之相比，当时我的收入会少很多，但这份事业带给我的喜悦和幸福是金钱无法衡量的。对我来说，能够通过我的努力帮助更多年轻人找到他们的人生方向，实现他们的梦想，这就是我想要追求的成功。

在我看来，衡量成功的标准不应该仅仅依靠社会的评价，而是要更多地听从自己内心的声音。找到内心真正追求的目标，并坚持下去，这才是成功的人生观。

进一步来讲，内在标准的成功感来源于对个人价值观的忠实追随。每个人的价值观不同，成功的定义自然也就不同。对有些人来说，成功是财富的积累和地位的提升；对另一些人来说，成功则是内心的平静和自我实现。正如乔布斯所说，"你要找到你所爱的事物，然后全心投入"。只有真正热爱的事情，才能带来内心的满足和持久的幸福。

我有一位朋友，在大学期间选择了研究哲学，尽管这个领域并不被大众看好，认为学生毕业后难以找到高薪工作，但他却由于对哲学的热爱，毅然决然地投入其中。几年后，他成为一名大学教授，并在学术界取得了显著成就。他告诉我，尽管他的收入不如一些同学，但他每天都在做自己真正热爱的事情，感到无比的幸福和满足。

在这个快节奏的时代，我们常常被外界的声音干扰，忽略了自己内心真正的渴望。但真正的成功，源自对自己内心和价值观的深刻理解和尊重。它不在于外界的赞誉，而在于你是否能找到并坚持自己真正热爱的事物。无论外界评价如何，只要你内心感到满足和幸福，那就是成功。正如那句老话所说："忠于自己，方能无愧于心。"在这条道路上，只有听从内心的声音，我们才能实现真正的幸福和满足。

# 价值观是一组无所谓对错的排序

在亲密关系中，常见的问题之一是"如果我和你妈妈同时掉到水里，你会先救谁？"这个看似无聊的问题实际上反映了一个人的价值观。选择先救谁代表了对方在你心中的重要性，是你的价值观的具体表现。

## 一、何谓价值观？

什么是价值观呢？价值观是一组无所谓对错的排序，是当你做事情、做选择、做取舍时所依据的标准。

比如，有一天，星星小朋友偷偷地跟同学去河边玩耍，把自己弄得浑身湿漉漉、脏兮兮的，他害怕被妈妈责备，不敢回家。妈妈找不到他，非常着急。后来听邻居说星星往河边的方向去了，妈妈便焦急生气地赶到河边，找到星星之后狠狠地揍了他。倘若我们从价值观的角度去看这个问题，星星和妈妈的行为都不难理解：在孩子的价值观里，自由玩耍和开心是排在前列的，而在母亲的价值观里，孩子的安全是最重要的。妈妈的责打，并非源于不爱，而是价值观差异的体现。如果妈妈能够认识到这一点，理解孩子对自由和快乐的渴望，她就不会那么生气；同样，如果星星能够体会到妈妈的担忧和对安全的重视，他也许就不会感到那么委屈。价值观的不同，并不意味着对错，而是我们看待世界的不同方式。

又例如，有一对夫妻，妻子的价值观排序是：爱情第一，亲情第二，工作第三，友情第四。丈夫的价值观排序是：事业第一，孩子第二，家人第三，爱情第四。

有一天，妻子要过生日，而丈夫正好有一个重要的会议，那么丈夫会如何选择呢？按照他的价值观排序，大概率会选择去开会。如果妻子不理解丈夫的价值观排序，她可能会感到被忽视，觉得丈夫只关心工作，并不爱她。因为在她看来，爱情是第一位的，不陪她就等于不爱她。但丈夫的选择并不是因为不爱，只是因为在他的价值观里，事业排序更高、更重要。这种价值观的差异，导致了他们之间的误解和冲突。理解并尊重彼此的价值观，是维系和谐关系的关键。它能帮助我们更好地理解对方的选择，增加相互间的包容和谅解。

这个世界上没有绝对不好的人，只有不好的经历。不同的经历塑造了我们对世界的不同看法，进而形成了各自独特的价值观。当我们理解了价值观，我们就能以更加包容的心态去看待他人；当我们认识到价值观的多样性，我们的心态也会变得更加开阔。

如果你是单身，那么梳理清楚自己的价值观很关键。如果你希望一个人很爱你，经常陪伴你，你可能就得接受他在事业上没有那么出色，没有那么富有。如果你的价值观的第一位是财富，那么在选择伴侣时，你可能会倾向于那些事业心强、工作优先的人。但这样的选择也意味着，你可能需要接受他们不能时刻陪伴你，不能总是细致入微地关爱你。

理解了这一点，我们就能更加包容和理解他人。每个人的价值观都是不同的，而这种不同决定了我们在生活中做出各种决策，进而影响我们的幸福感受。通过理解价值观的差异，我们可以更好地接受和尊重彼此的选择，从而在人际关系中找到更多的理解和尊重。

## 二、如何找到你的价值观?

找到自己的价值观并非一蹴而就,而是一个需要深入思考和自我反省的过程。那么,如何找到自己的价值观?

你可以拿一支笔和一张白纸,回忆一下过去对你影响最深的 5 件事,然后尝试用一个词语总结一下是什么样的价值观被触碰了,才会对你产生那么深刻的影响。这样,你就知道自己最在乎的是什么,从而知道你的价值观是什么。

以我为例,有一次我为了参加一位重要授业恩师的课程,从长春飞往深圳。由于没有合适的直达航班,我不得不选择中转。然而,当我到达中转站时,得知我的下一班飞机延误了。一般来说,我还算是一个内心非常平和的人,对航班延误的态度非常平和,客观条件没办法,等待几个小时也无所谓。但那天我却异常暴躁,一直追问航班最新情况:什么时候起飞,前序航班到哪儿了? 等我静下来的时候,这种情绪的转变让我意识到:我把成长排在价值观的第一位。飞机的晚点会让我迟到很久,导致我听不到老师完整的课程,影响了我的成长。通过回忆过往的经历,我发现凡是影响自己成长的事情都会使我产生情绪,所以我非常明确自己的价值观排序的第一位是成长。

你也可以像我一样,把自己经历的每一个故事用一个价值观的词语总结出来,这样你就能清晰地知道自己的价值观是什么了。当然,你可能会总结出若干词语,如忠诚、成长、爱情、金钱、亲情等,这时你只需要按它们的重要性进行排序,排第一的便是你的核心价值观。

此外,你可以通过一些方法和工具来帮助自己系统地找到和理解自己的价值观。比如,可以使用价值观卡片,把各种价值观写在卡片上,然后从中挑选出最能代表你的几个价值观。

记录和反思日常生活中的重要决策和反应，也是一种发现价值观的有效途径。比如：你为什么选择现在的职业？你为什么选择与现在的朋友交往？在做这些决定时，哪些因素对你来说是最重要的？这些问题的答案，都能反映出你的价值观。

同理，如果你想要了解他人的价值观，你可以通过与他进行深入交流，聆听他们的过往经历和故事，观察他们对不同情境的反应。通过分析他为什么开心或生气，你可以逐渐勾勒出他们的价值观轮廓。

当人与人之间的交往建立在对彼此价值观的理解之上时，我们的心态会变得更加平和，更能够接纳对方在处理事情时的差异。我们每个人的价值观可能不同，这些差异会影响我们的行为和决策。当你理解了别人的价值观时，你会更容易理解他们的行为和选择，减少误解和冲突，促进相互尊重和包容。通过这种方式，你不仅能改善自己的人际关系，还能在多元的价值观中找到更广阔的视野和更加丰富的生活体验。这样的理解和包容，让我们的生活更加和谐，也让我们的世界更加多彩。

懂事ル

## 第二章

### 找到你的方向：认识自己，穿越迷茫

在人生旅程中，我们常常因为遇到迷茫与困惑而举足不前。"只有走出来的美丽，没有等出来的辉煌。"这时候，与其踟蹰不前，不如深刻内省，了解自己的兴趣、能力和价值观，从中找到属于自己的方向。然后，盯着你想去的方向，做最重要的事。如此，你才能穿越迷茫，勇敢地迈向未来，拥抱更加清晰和坚定的自己。

## 吾性俱足，时间会给你答案

大学毕业后，我去了一所公立学校，在很多人眼里，这是靠谱的铁饭碗，我可能就要成为一个家长眼里有出息的孩子。然而，每天的生活却似乎被固定在了教室、办公室和家之间。每天清晨，随着闹钟的响起，我匆匆吃过早餐，然后赶往学校。课堂上，我尽力传授知识，激发学生的兴趣，但日复一日的重复让我开始思考，这是否就是我人生的全部？

随着时间的流逝，我开始感受到一种对未来的焦虑。我的生活似乎一眼就能看到尽头，每天的轨迹几乎没有任何变化。我开始思考，是否应该做出一些改变，让生活更加丰富多彩，也让自己能够不断成长。

直到有一天，我看到了一个故事——《鹰的重生》，我被鹰的故事敲醒了。

据说鹰是世界上最长寿的动物之一，可以活到七十岁，但大部分的鹰却只能活到四十岁。这是因为，鹰在四十岁时，它那曾经锋利的尖嘴已经变得像枯死的树皮一样不再锋利，猎取食物也不能一击致命；而它的爪子同样变得粗糙变形，不再灵巧敏捷；与此同时，它的羽毛也开始变得又长又重，飞行时犹如负重前行，大不如前。因此，大多数鹰在这个年龄死去。

此时，鹰面临着两个选择：要么等待死亡，要么蜕变重生。一部分鹰选择了改变。

第一步，它们很努力地飞到山顶，在悬崖上筑巢，以确保自己的安全，然后便一直停留在巢附近，接下来用喙击打岩石，以使喙完全脱落，最后再静静地等候长出新的喙。

第二步，它们用新长出的喙将老化的指甲一根一根地拔出来。

第三步，等到新的指甲长出来以后，它们再把羽毛一根一根地拔掉。

等到这些工作全部做完以后，鹰便悉心等待新的羽毛长出来——大概5个月之后，它们便又可以恢复到原来凶猛无比的样子，继续翱翔于蓝天，重新再过神鹰一般的三十年岁月！

尽管现在回想起这个故事，其中的细节可能经不起推敲，但当时确实深深地触动了我。一只鹰为了获得新生，竟能一根根拔掉自己的羽毛，那份勇气和决心让我震撼。

一个动物，在它生命的中年阶段，愿意付出如此巨大的代价，只为寻求一种新的生活方式。鹰犹如此，人何以堪？

而我，当时才二十多岁，正值青春年华，未来充满了无限可能。我不停地反问自己，难道我这一生只能这样吗？我是否也可以像鹰一样，经历一次蜕变和重生？是选择优渥的收入、稳定的铁饭碗，还是充满挑战的新事物？

经过一番思考，我选择了后者——挑战未知，去增加自己人生的厚度。

在一个学生妈妈的引荐下，我以零薪水为条件，去金融行业做实习生。这个决定，如同鹰拔羽的瞬间，疼痛却充满希望。两年的时间，我不仅获得了年薪百万的丰厚回报，更重要的是，我积累了人生的第一桶金，同时也收获了宝贵的经验和成长。这段经历，如同鹰展翅飞翔，让我感受到了生命的无限可能，更让我开始探索内心深处更真实的渴望。至此，我的人生开启了新的篇章，迎来了新的分水岭。

我像鹰一样，经历了蜕变。这一路虽然充满了艰难和挑战，但我已做好准备，愿意成为自己生命的主宰者，去开拓新的疆土，迎接每一个新的挑战。这个选择，注定会让我的人生不再平坦。但一路走来，我收获了更多的美好和幸福。那些坎坷和艰难，现在回想起来皆是生命的恩典，是人生的礼物，是成长的台阶。

生命有无限种可能，但很多人不敢轻易去尝试。大多数人喜欢抱怨生活的种种不如意，事事的种种不顺心。但我们却没有勇气去改变自己，因为都觉得那样太累，太不易，太辛苦，于是我们苟且地活着，抱怨地活着。不知我重新选择的经历，是否会给你带来什么启示。

## 一、你只管努力，花期终至

在我纠结的时候，我收获最大的便是学会了链接。万事万物之间都是有链接的，当我把鹰跟自己链接起来的那一刻，我开始获得全新的能量。

我们需要与万物链接，理解事物的运行规律。每一个事物都有其自身的节奏和时机，我们需要学会接纳和允许它们自然发展。就像自然界的花期，每个生命都有其绽放的时刻。

后来在我私塾的课程中，我每次都会和同学们分享关于"花期"的感悟。

假如你是植物，你会是什么？是鲜花，是小草，是大树，是菊花……每个人会有每个人的答案。但不管你最后选择了什么，你终会开花：春天的樱花绚烂绽放，夏天的荷花亭亭玉立，秋天的菊花淡雅高洁，冬天的梅花傲雪凌霜，它们都在属于自己的季节里展现出最美的姿态。

我也儿时不尽如人意，经历过很多同龄人难以想象的苦楚，但都已雨过天晴。所以，不用着急。每朵花都有自己的花期，每个人都有自己的人生轨迹。有的人是含着金钥匙出生的，刚出生就达到了很多人奋斗一生都到不了的顶点；有的人天生笨拙，曾国藩5岁不会说话，最终也成就非凡。在人生的剧本里，不要被外界的种种看法左右。你只管努力，专注走好自己的路，时间会为你证明一切。上帝将你播种人间，你就一定会盛开。

### 二、多问自己"凭什么"？

这一路，我经常会踌躇、惶恐。和很多人一样，我也会陷入思考：为什么这些事情会发生在我身上？为什么我们必须经历这些痛苦和挫折？然而，当我纠结于为什么的时候，我就陷入无休止的怀疑和自怨自艾之中。

经历了一段时间的挣扎之后，我发现与其过分关注为什么，不如转变思维方式，多问自己凭什么去面对。凭什么我要接受这个挑战？凭什么我要走出困境？凭什么我可以实现我的梦想？这样的问题成功地将焦点转移到我自己身上，也驱动了我自己走出怀疑和自怨自艾的旋涡。一般情况下，我在想要实现某个目标或完成某件事情的时候，除了会问自己"凭什么"外，还会按照以下的五步法去实践，比如：

1. 我没有的：我没有什么积蓄，也没有丰富的经验。

2. 我想要的：我想要父母将来老了、病了，无论多少钱，我都可以承担；我想要让自己的人生多一些厚度；我想将来到哪都能有口饭吃，而不是在一个地方吃一辈子饭。

3. 我要怎么做：趁着年轻，去选择难而正确的事。虽然难，但坚持下来一定有成长，成长是我这个阶段唯一的目标。

4. 努力的过程：刚开始跨行业工作，没经验，就从基层做起，杂活累活都不怕。付出不亚于任何人的努力；干活用脑，认真负责，绝不重复犯错；每天反省，总结经验，分享经验。

5. 结果：逐渐成为管理者，最后成为总经理。

任何时候，遇到自己想要却没有得到的东西，都要学会一个反问——"凭什么？"这是我多年来的习惯。当你看到此处的时候，不妨问问自己：你想要什么？你愿意为此付出哪些努力呢？

### 三、看不见的"时间"决定差异

曾经有同学问我："你都成公司的勤杂工了，每天连轴转，你是怎么做到'总经理'的？"其实，影响我快速成长的关键因素在于我对待时间的态度以及合理安排工作之余的时间。因为我相信，独属于我自己的时间，长远来看决定了我的层次、格局和走向。所以，我在看不见的"时间"里，都会精打细算。

早晨：当闹钟响起时，你是选择按下贪睡按钮，还是立刻起床，用一杯清水唤醒自己，然后花上几分钟规划一天的工作或学习计划？

通勤：通勤路上，你是选择刷手机，还是戴上耳机，听一段有益的播客，或是学习一门新语言？

午休：午餐后，你是选择闲聊或发呆，还是利用这段时间进行短暂的小憩，为下午的工作充电？

晚上：夜幕降临，你是选择沉浸在连续剧或游戏中，还是拿起一本书，或是学习一项新技能？

周末：休息日，你是选择睡到自然醒，还是安排一些有意义的活动，比如户外运动、参加工作坊，或是与家人朋友共度时光？

这些时间你都在做什么呢？是在娱乐休闲，还是醉心于成长呢？如何使用它，完全取决于你。你要相信，你付出的每一次努力，跨出的每一步行动，命运都早已帮我们暗中做好了标记。在未来的某一天，当你回望走过的路时，就会发现：人生没有白走的路，一切的无心插柳，其实都是水到渠成。就如我想清楚了自己未来想要什么，并付诸行动。

终有一天你会发现，那些吃过的苦、受过的累，都将成为你最光彩的履历。星光不问赶路人，时光不负有心人。在花开绽放之前，你总要一个人在黑暗中走很远很远的路，但请一定要相信，上天绝不会辜负任何一个拼尽全力的人。

## 明确目标：寻找我们行动的方向

研究那些成功人士，你会发现他们都有一个共同点：每个人都设定了清晰的目标，制订了实现这些目标的具体计划，并且投入了巨大的精力和努力去达成它们。

人生需要目标，如果没有目标，你就会像一只黑夜中迷失方向的航船，随波逐流，无法抵达目的地，甚至会触礁而毁。而有了明确的目标，你这艘航船就可以朝着目标开足马力，乘风破浪，到达成功的彼岸。

下面给大家分享一个小故事：1952 年 7 月 4 日的清晨，浓浓大雾笼罩着整个海岸。一位 34 岁的女性从海岸以西 21 英里的卡塔林纳岛上涉水下到太平洋中，开始向加州海岸游过去。这次如果她成功了，她就是第一个游过这个海峡的女性，这名女性叫费罗伦丝·查德威克。

在此之前，她是从英法两边海岸游过英吉利海峡的第一个女性。当时雾很大，海水冻得她身体发抖，她几乎看不到护送她的船。时间慢慢前行，千千万万的人在电视上看着。在以往这类渡游中，她最大的困难不是疲劳，而是冰凉刺骨的水。15 个小时之后，她浑身冻得发麻又很累，感觉自己不能再游了，就叫人把她拉上船。

在另一条船上的她的母亲和教练都告诉她海岸已经很近了，叫她不要放弃。但她朝加州海岸望去，除了浓雾什么也看不到。几十分钟之后，人们将她拉上船。又过了几小时，她渐渐暖和了，这时她回忆起自己渡游的经历。她不假思索地对记者说："说实在的，我不是为自己推脱，如果当时我看见陆地，我能坚持下来。"人们拉她上船的地点，离加州海岸只有半英里！

后来她说，令她半途而废的既不是疲劳，也不是寒冷，而是因为她在浓雾中看不到目标。然而，两个月后，她不仅成功游过了卡塔林纳海峡，还打破了男子纪录，成为首位完成这一壮举的女性。

所以，即使像查德威克这样技艺高超的游泳者，也会因为缺乏清晰的目标而受挫。但第二次凭借勇气和明确的目标，她最终克服了困难，再次挑战并取得了胜利。这证明了目标的重要性以及坚持和决心的力量。

心中拥有目标，能给人以生存的勇气。在艰难困苦之际，目标能赋予人们坚韧不拔的毅力。有了具体目标的人很少有挫折感，因为比起伟大的目标来说，人生途中的挫折就显得微不足道。因此，设立科学的目标对优化人生道路至关重要。一个清晰的目标如同一块强大的磁铁，它能够吸引并汇聚你成功所需的专业知识和资源。同时，目标的聚焦效应，能够帮助我们集中精力，更有方向地前进。那么怎么设立好一个目标呢？我们最常见的就是 SMART 原则。

1. Specific（具体）：目标需要明确具体，不能模糊不清。例如，"提高英语水平"是一个模糊的目标，而"通过英语六级考试"则是一个具体的目标。

2. Measurable（可衡量）：目标应该有明确的衡量标准，这样你才能知道是否达到了目标。比如，"减重 10 公斤"就是一个可衡量的目标。

3. Achievable（可实现）：目标应该是现实可行的，既不应过于简单，也不应过于困难。"一年内读完 100 本书"可能对某些人来说是一个可实现的目标，但对其他人来说可能就过于艰巨。

**4. Relevant（相关性）**：目标应该与你的长期愿景或目的相关联。例如，如果你的长期目标是成为一名优秀的软件工程师，那么学习新的编程语言就是一个相关的目标。

**5. Time-bound（时间限制）**：目标应该有明确的截止日期或时间框架。"在未来的三个月内完成项目"就是一个有时间限制的目标。

通俗点讲，我们在确立目标的时候，必须先保证自己的目标是否符合标准。设立目标的时候，要清楚自己为什么设立这个目标。只有先厘清动机，才能定下目标，也更有可能实现目标。比如，现在有一个出国工作的机会，你的薪资可能翻几番，但是职位要求是你可以用英语进行无障碍沟通。这个时候学英语的动机就清晰了，目标也就明确了。根据 SMART 原则，你可以清晰评估和制订符合你自己的计划。

Specific：三个月内，专注于提高英语口语。

Measurable：能够无障碍地观看英语新闻节目并理解 80% 以上的内容，并能使用英语进行无障碍沟通。

Achievable：评估自己的英语基础和学习资源，通过每天至少 30 分钟的练习，可以实现既定目标。

Relevant：希望未来到国外工作。

Time-bound：在未来 3 个月内达到上述目标。

在实现目标的过程中可能会遇到很多困难和诱惑。在这些时刻，不妨想象一下拿到国外 offer 时的喜悦和成就感。人们行动的驱动力通常源于两种情绪：避免痛苦或寻求快乐。定期让自己沉浸在实现目标后的美好想象中，这将为你提供持续的动力和激励。

当然，仅有目标并不能使我们不断朝前迈进，还要有行动计划的配合才行。设定目标使我们明确方向，而行动计划则告诉我们该怎么做。

"三个月内，专注于提高英语口语"的行动计划：

1. 每日学习：每天至少花费 30 分钟进行英语口语和听力练习。

2. 资源利用：注册并使用在线英语学习平台；与外教老师沟通交流。

3. 定期评估：每周进行一次自我评估，每月参加一次在线英语水平测试。

4. 实际应用：在工作和社交中尽可能使用英语，比如，加入英语学习小组，与外国朋友交流。

5. 调整策略：根据每月的测试结果和自我评估，调整学习计划和方法。

所以，重新认识自己，把抽象的"厉害"分解成可落实的小目标，才是我们"厉害"的第一步。我们在向目标迈进的过程中，也必须根据实际情况想出对应的方法，并且时刻反省自己目前所做的事情是否正确，只有这样才能以最快的速度到达预定的目的地，而不至于南辕北辙。

## 世间本无"事事完美"

在生活或工作中，追求完美常被视为一种值得赞扬的品质。我们经常被鼓励努力做到最好，甚至超越极限，达到所谓的"110% 完美"。然而，这种对完美的追求是否真的总是有益的？

有些人渴望成为"通才"，什么都想学，什么都想掌握，结果却常常浅尝辄止，每样技能都只懂一点皮毛。如果用这种完美主义的标准去要求他人，最终只会让自己感到失望。而有的人，能够认清自己或别人的不足，放弃追求全能的幻想，把时间和精力集中起来，在某几个方面甚至一个方面钻研得更深，反而能够"一招鲜，吃遍天"。一个人的精力是有限的，不仅不可能什么都懂，也没必要什么都懂。古往今来，从来就没有哪个人什么都懂，能够一个人包打天下。

在生活中，我们常常被他人对完美的期望所困扰，这种期望有时甚至比我们自己追求完美的欲望更难应对。追求完美固然是一种积极的品质，但过度追求往往会适得其反。

正如《淮南子》所言："夫待马要袅、飞兔而驾之，则世莫乘车；待西施、毛嫱而为配，则终身不家矣。"意思是，如果非要等到鞍袅、飞兔这样的良马才来驾车，那世上的人就没车可坐了；如果非要等到西施、毛嫱这样的美女才来结婚，那可能永远也无法成家了。事实就是如此，现实当中没有百分之百的完美。如果我们总是把标准定得过高，过分追求完美，最终可能会错失良机，甚至造成更大的遗憾。

适度地追求完美是有益的，但过度的追求则可能成为负担。我们需要学会接受不完美，理解并接受事物的局限性。这样，我们才能更好地把握机会，享受生活，而不是被完美主义束缚。对于事事追求完美的人来说，他们需要警惕可能引发的负面情绪，如焦虑、失望和抑郁。过度的完美主义极易引发以下几种不好的情绪：

### 1. 怨天尤人

总是爱抱怨，觉得不顺心的事都是别人的错，或者社会的问题，自己好像一点责任都没有。这些人小时候可能被家人照顾得太好了，很少遇到什么困难，所以长大了以后，一旦遇到问题，他们就不知道该怎么办，适应社会的能力也不强。

### 2. 过于较真

完美主义者特别追求完美，工作起来特别认真，生活也安排得井井有条，这恰恰也是易患抑郁症的性格之一。这些人做事情一般过于较真，重视规则和事物的先后顺序，如果这种平衡被打破，就会感受到巨大的压力。换言之，他们的变通能力和应变能力较差。有时候，客户的一点点不满意或者工作中的一点小差错，都会让他们感到很大的压力。

### 3. 爱钻牛角尖

与前面的完美主义者不同，有些人充满干劲，性格专注，却容易走极端，钻牛角尖。他们富有正义感和责任感，但当发现现实与想象相违背时，就会感到巨大压力。比如，有些埋头勤恳工作的人升职到管理层，工作内容发生变化，他们往往会因为如何带动团队、培养下属而烦恼，有时会堆积较多的压力。

### 4. 焦虑

完美主义者总是追求尽善尽美，任何不完美的成果都会让他们感到不安和焦虑。这种持续的紧张状态不仅影响他们的工作效率，还可能导致身体健康问题，如失眠、头痛等。长期处于高压状态下，他们的心理健康也会受到严重影响，甚至可能引发抑郁症。

### 5. 自我怀疑

完美主义还容易引发自我怀疑。当他们无法达到自己的高标准时，就会对自己产生怀疑，认为自己不够优秀。这种自我否定的情绪会让他们陷入自我怀疑的恶性循环，难以建立自信，影响个人发展。

### 6. 拖延

因为害怕无法达到完美，完美主义者往往会拖延任务，不敢开始或完成工作。他们总是反复修改和调整，导致工作效率低下和进度拖延。这种拖延行为不仅影响他们的职业发展，还可能导致他们错失重要的机会。

在我们平时生活和工作中，我们都会接触到一些追求完美的人士，看似在人们敬仰和羡慕的状况下，实际却存在着这种完美形象所带来的几种心理反应：压迫感、嫉妒心、不真实感以及心理上的距离感。这几种心理也就导致了完美人士在人际交往上可能并不具备优势，甚至会遭到一部分人的排斥和攻击。这些实际也是社交圈子形成的基础之一，因为人们更愿意寻找与自己条件相近的人，以此来获得心理上的安慰和平衡感。

在职场上，如果你被领导捧到完美的高度，那你得小心了，这可能让你得到更多的机会，但也可能让你陷入困境。因为，一旦你被看作是完美无缺的，你就得一直努力保持这个形象，这压力可不小。如果处理不当，这种压力可能会对你的心理状态造成负面影响，导致情绪低落。此外，人们往往有一种倾向，那就是通过指出他人的缺点来寻求心理上的平衡，这在心理学上被称为"对比效应"。因此，职场上表现出色的个体有时会感到孤立无援，因为他们的优秀可能会让其他人感到嫉妒或疏远。

在追求完美这件事上，很多人都吃过亏。以互联网名人李开复为例，他在52岁生日前夕，被诊断出罹患第四期淋巴癌。在此之前，他以充满活力的形象示人，被誉为"二十四小时运转"的青年导师。他总是鞭策自己追求最有价值的人生，认为每时每刻都得好好善用，力求在有限的生命中实现最大的价值。

从前有网友这么形容他："这是一个太完美的人，似乎二十四小时都高度自控，绝不生气、绝不失态，如同一台高度智慧的机器。但内在承受的压力，何处释放？所有的角度都滴水不漏，太不真实！"

确诊之后，李开复经历过"不知身在何处，渺小且无助"的时期。然而，在他接受治疗的17个月里，对生活的态度发生了深刻的转变。在他的著作《向死而生：我修的死亡学分》中，李开复回顾了自己与疾病抗争过程中的思考和感悟。他总结自己在面对死亡时修到的七个学分：健康无价；一切事物都是有它的理由；珍惜缘分，学会感恩和爱；学会如何生活，活在当下；经得住诱惑；人人平等，善待每一个人；我们的人生究竟是为什么？

而他也是在这次病重中，学会了从追求100分到只要80分。他坦言："过去我确实花了太多时间和精力来维护公司和自己的形象，我过分关注名声，担心潜在的危机。这些心理负担，就具象化为我背后的肉、脊椎以及我的疾病。所以，我其实很早就开始生病了，只是自己没有察觉而已。"

对于这种问题，并不是每一个人都要经历这样的生死考验，才能有所觉悟。假如你恰恰就是事事追求完美的人，可以试着从以下几个方法中找到解决的思路。

### 1. 首先要识别你的完美动机

对于克服完美主义的第一个建议，就是沉下心仔细想想，你为何要试图变得完美？一些人可能认为完美可以博得人们的钦佩和赞扬。但事实上没人会变得完美，尤其在工作中，追求完美反而会给自己和其他人造成困扰。

当我们试图变得完美时，其实是走上了让压力和紧张朝自己奔涌的路。只有当我们清晰地认识到，完美主义是以最高标准自虐，它来源于内心深处的强迫性驱动，才能深层次地认识自己的动机和想法，看清利弊。

### 2. 平衡希望与现实

渴望成功是人类的天性。许多人都会不断激励自己以实现越来越高的目标，这常常能够带来个人的成功以及社会的进步。确实，较高的期望往往能激发出更大的成就。然而，在追求成功的时候，我们得设定一些实际能达到的目标，享受努力的过程，并且对自己的成绩心怀感激。梦想要脚踏实地，要懂得珍惜和庆祝自己的每一个小胜利。

一般追求完美主义的人通常拥有难以达到的目标。如果你想要克服完美主义，你应该重新评估你的期待，找到与现实相平衡的点。在认识到自己的局限性的同时，也要接受他人的局限。当你把你的期待与现实协调一致时，你就不太可能会感到失望。

### 3. 从大局出发

不要花费大量的时间来"锱铢必较"。问问你自己这些问题： 这真的有关系吗？ 会发生的最糟情况是什么？ 如果发生最糟的情况，我能处理吗？

### 4. 学会表达感谢

你要知道，那些不如你富有的人也很快乐。放眼四周，其实你比许多人都幸福。你有地方住，你有一份工作，你可以做你想做的事情。无论发生什么，至少你还有机会改变，并从中学习。

因此，你应该学会感恩生活、感恩你身边的人。感恩的瞬间会带给你不一样的态度。

### 5. 学会原谅

原谅不会改变过去，但是却能拓宽未来。同时，原谅能够帮助你释放糟糕情绪和消极想法。如果别人犯错了，你不必耿耿于怀。你应该做的是告诉他如何避免错误，然后尝试放下这段不愉快。原谅不是为了别人，而是为了让自己继续轻松前行。

### 6. 放手让他人做事

在生活和工作中，学会信任他人并给予他们施展才华的空间至关重要。如果未能达成目标，要及时提供指导和帮助，而不是简单地接手他们的事情。

### 7. 不要比较

不要将自己与他人进行过多的比较。因为比较往往会导致消极的情绪和不必要的压力，而且每个人的生活和境遇都是独特的，没有必要用别人的标准来衡量自己。

世上本无完美之人和事，何苦庸人自扰之？放下对完美的执着，让心灵得以释放。从今天起，学会"归零"，让过去的失败不再拖累你的未来，让曾经的成功不迷惑你的现在。这样，我们的步伐将更加坚定，目光更加清晰地走在追寻真我的路上，遇见属于自己的"完美"。

# 为什么你会不自信？

自信的人拥有多种优势。他们不仅具有魅力，还能够在生活中取得成功。

自信的人通常精神状态良好，这使他们能够保持乐观，并展现出独特的魅力。他们的自信有助于实现目标，吸引他人的注意，并完成自己的计划。

此外，自信还能为人们带来更多、更好的机会。一个自信的人更可能抓住工作中的机遇，无论是升职还是加薪。在追求自己喜欢的人时，他们也会大胆地表达自己。在商务或社交场合，自信的人通常能够以充满活力的态度和语言展示自己，大大提高成功的概率。

自信还能使人们的内心更加开阔，增添生活的幸福感。他们往往给人带来希望，也更受人欢迎。他们那闪烁着光芒的眼神，坚定的言语，昂首阔步的步态，以及面对机遇和挑战时的勇气，都展示了自信的特质。

## 一、不自信的表现形式

不自信的人常常依赖他人来克服内心的胆怯。面对挑战和困难时，他们往往采取逃避的态度。这种逃避表现为两种主要形式：

一种是胆怯和封闭。这类人常常认为自己不如他人，因此在人际交往和工作中预设会失败。因此，他们开始自我封闭，避免竞争，不敢冒任何风险，始终追求安全。然而，这种封闭反而加剧了他们的不自信，形成了恶性循环。另一种是自傲和逼人。这类人表面上可能显得锋芒毕露，实际上却是过度自卑和自负的表现。当他们无法通过顺从来减轻自卑感时，可能会选择好斗的方式来应对。他们比其他人更渴望隐藏真实想法，希望用坚硬的外壳保护内心，避免被他人了解。为了避免深入交流，他们选择用好斗的态度来抵挡他人。通过这些表现，我们可以更深入地理解不自信的心理机制，并努力克服它们，培养自信，以更积极的态度面对生活的挑战。

从心理学的角度来看，有些人会因小事而过度反应，找借口或挑起争端。这种矫枉过正的行为往往意外地暴露了他们内心的不自信。

此外，还有些不自信的人表现为随波逐流，容易受他人影响，缺乏主见。通俗来说，他们像是"墙头草"，随风摇摆。这些人往往对自己的决定缺乏信心，总是试图与他人保持一致，以避免凸显自己。他们害怕表达个人观点，努力在群体中寻求认可，这种强烈的同质性心理也是不自信的表现。正如俗语所说："人随大流不挨罚，羊随大群不挨打。"他们通过这种方式来避免冲突和批评。

不自信的人还有一些特定的行为特征，例如常双手插兜，显得拘谨不安。此外，在公共场合如演讲或会议中可能有很多小动作，如在讲台上来回走动，反映了他们内心的紧张和不安。

我曾经遇到一个特别的老师，我们都亲切地叫他帅波老师。帅波老师主要教授大家如何制作抖音短视频。他非常幽默，并坦诚地承认自己站在讲台上时并不自信。帅波老师更喜欢通过文字表达自己，但在讲台上讲课对他来说却像是"赶鸭子上架"，有些勉强。然而，听他的课却非常有趣。他有时候甚至拿出手机向我们展示他一天的微信步数。站在三尺讲台上，他竟然能走 25000 步！可不，他在台上来回走动，走得我们眼花缭乱。这种可爱的举动不仅缓解了他的紧张情绪，也让我们感到轻松愉快。不过，随着时间的推移，帅波老师在讲台上的步数逐渐减少，现在已经控制在 5000 步以内。

即使是非常优秀的人，在某些方面也可能感到不自信，这是很普遍的现象。不自信并不完全是坏事，正如古代哲人所说，万事都有两面性。不自信可能导致胆怯和犹豫，但也可能培养细致和周到的品质。例如，一个不自信的人可能在准备任务时非常谨慎，因为害怕出错。帅波老师就是一个例子，尽管在讲台上走了 25000 步，但他的课程内容却是干货满满，给学生们带来了丰富的收获。因此，我们在看待问题时，既要看到不自信的缺点，也要意识到它可能带来的益处。是否需要克服不自信，取决于它对你的生活和成长是否有负面影响。

## 二、不自信的深层原因

近年来，"原生家庭"这个概念被广泛讨论。许多人在成年后仍然表现出不自信，这往往可以追溯到他童年时期缺乏认可和接纳的经历。

成长环境和早期经历对每个人的自我认知产生了深远影响。如果在成长过程中没有得到足够的支持和鼓励，可能会导致自我价值感的缺失，从而形成不自信的心理状态。理解这些成因对于克服不自信至关重要。通过认识到自己的价值，学会自我接纳和肯定，我们可以逐步建立起自信。同时，通过积极地自我对话、设定并实现小目标，以及寻求正面的支持系统，都有助于增强自信。

想象一下，当小 A 还是个孩子，刚开始有力气搭建积木或搬运重物时，他搭建了一个又高又漂亮的积木塔。他兴奋地叫妈妈来看自己的作品。但是，如果妈妈因为忙碌而忽视了他的成就，孩子可能会感到内心的需求没有得到满足，长此以往，他可能会逐渐变得不自信。相反，如果妈妈虽然忙碌，但能够合理地回应孩子的需求，比如说："孩子，妈妈现在有点忙，能不能等我忙完，半小时以后再一起看你的积木？你可以再完善一下，做得更好，妈妈一会儿和你一起看。"

如果你是这么做的，恭喜你，你的回应不仅认可了孩子的努力，还教会了他耐心和等待的价值。如果孩子从小得到这样的认可和接纳，他的内心就会充满自信。长大后，即使没有外界的认可，他也能够感到内心的满足和自足。但是，如果童年缺乏这种认可，成年后就有可能过度渴望得到他人的认可和接纳，这在现实生活中往往是难以满足的，从而可能导致不自信和受伤。

除了童年时期缺乏认可和接纳，不自信还可能源自频繁的批评、家庭中的吼叫或打骂。在这种环境下长大的孩子，除非遇到能够引导他们走出阴影的好老师或朋友，否则可能会长期处于不自信的状态。例如，如果孩子因为一点小错就遭到严厉的训斥，尤其是父亲的大声呵斥，他们可能会变得害怕尝试和犯错，担心再次遭受父母的指责。这种恐惧会导致他们逐渐封闭自己，变得越来越不自信。有时，孩子可能具有某些天赋，但因为经常受到批评，这些天赋也可能逐渐被磨灭。因此，不自信可能源于童年缺乏认可、接纳，以及过多的批评。

原生家庭的影响虽然深远，但并非不可逾越。18岁成年后，每个人都可以开始重新定义自己的生活，不再沉溺于对原生家庭的埋怨，而是成为自己生活的主宰，重新塑造自己的命运。

# 自我超越：自信的觉醒与实践

我并非天生就自信、开朗和乐观，而是通过不断的自我提升和实践，一步步走出了那个不自信的状态。在这个过程中，我逐渐克服了内心的恐惧，变得更加自信。

## 一、从道的层面深究，探索真正的自己

想要获得自信，从道的层面来说，首先要学会接纳自己。所有积极的变化都源于接纳，这是起点。在早期不自信的时候，我每天都会对自己说："我接受自己的不完美，同时，我每天都可以变得更好。"别小看这句话，如果你能坚持每天对自己说，坚持三个月，你一定会看到显著的效果。

其实，我们的自信，就像学习使用筷子一样，是在不断的实践中培养出来的。当你第一次尝试用筷子时，你真的相信自己能够轻松地夹起菜吗？可能不会，因为那对你来说是个全新的挑战。筷子用起来可能感觉笨拙，不如勺子那样方便。但即使一开始夹不起来菜，我们也并没有放弃。每次失败，都让我们获得了宝贵的经验。可能我们失败了99次，但每一次失败都让我们更接近成功。终于，在某一次尝试中，我们成功夹起了菜，那一次的成功让我们获得了使用筷子的能力。随之而来的，是别人对我们的肯定和赞赏，比如父母或亲戚朋友的夸奖："这孩子这么小就用筷子用得这么好，真了不起！"这样的肯定会进一步增强我们的自信。这个过程告诉我们，尝试是自信的根源，没有不断的尝试，自信无从谈起；通过尝试，我们积累经验；通过经验，我们培养能力；通过能力，我们获得肯定；通过肯定，我们最终建

立起自信。

因此，不要给自己贴上"不自信"的标签。在走路、使用筷子等方面，你已经很自信了。也许你只是在公众演讲等特定领域感到不太自信，但这并不意味着你就是一个缺乏自信的人。你需要做的是：改变语言模式，相信吾性自足。通过不断尝试和练习，你也可以在那些领域建立起自信，继续前进，你会发现自己比想象中更加强大。

## 二、从术的层面努力，积累自信的能量

在努力提升自我技能的过程中，积累自信是至关重要的。要取得自信，从术的层面上讲，主要分为文字层面、语言层面和外在层面。

### 1. 文字层面，通过书写来表达和记录自己的感受和想法

（1）写感恩日记

写感恩日记是一种有效的方法，可以记录生活中每个值得感激的时刻。无论是选择电子还是纸质记录，各有其独特的优势：电子记录方便，纸质记录带来深刻的触感和情感体验。选择一本你喜欢的笔记本，尤其是带有密码锁的，可以增加私密性和安全感。

回想日常生活中的小善举：有人为你按下电梯键、一位聋哑人帮你清理车上的积雪、服务员递上纸巾时温馨提醒你小心烫手……这些瞬间都值得记录和感恩。通过这样的记录，你的内心逐渐积累起无数的认可和接纳，从而丰富你的内心世界，使你变得更加强大和自信。

感恩日记不仅是记录工具，更是一种生活态度。当你面对困难和挑战时，

翻阅这些日记可以为你带来温暖和力量，提醒你曾经得到的帮助和支持。

（2）写成功日记

写成功日记是一种有效的方式，可以记录每一个成就和进步，无论大小。当你感到不自信时，翻看这些记录可以重新找回信心。成功日记捕捉了生活中每一个成功的瞬间，无论是学业上的进步、老师的赞扬，还是在公共演讲中的出色表现，都是你自信的来源。

而成功冥想是一种重要的心理调节技巧，尤其是在面临重要事件前夜。通过回顾成功经历，可以平复紧张情绪，让心态更平和，为即将到来的重要表现充电。这种技巧适用于考试、面试、演讲等需要展现最佳状态的场合。

每个人的生命意义在于为世界留下一份礼物，可以是建筑、文学作品、培养的人才，或任何体现个人价值和贡献的事物。这一观点鼓励我们通过行动为世界带来正面影响，提醒每个人的生命都有意义，每个人的存在都能为他人带来价值。

自信是一种动态平衡，它需要我们在生活中不断地去感受、去体验、去调整。通过记录成功日记、进行成功冥想，以及积极面对每一次的起伏，我们可以逐步构建起更加坚实的自信基础。这样无论遇到什么情况，我们都能够以更加自信的姿态去面对。

（3）鱼缸法

鱼缸法是我在工作后总结出来的方法，通过记录和解决工作中的问题来积累经验和自信。我家里有一个很特别的大鱼缸，不是用来养鱼或盛水，而是象征性地用来记录我的问题解决过程和经验积累。

我大学主修英语教育专业，却进入了金融行业。刚步入职场时，我发现自己有许多不懂的地方，这让我很缺乏自信。为此，领导建议我把每次遇到的问题记录下来。我采纳了这个建议，并为自己准备了一个鱼缸。每当我在工作中遇到问题，我就会在一张纸的正面写下问题，待问题解决后，我会在纸的背面记录下解决问题的方法。然后，我会将这张纸折成小船或其他我喜欢的形状，放入鱼缸中，作为我的"解决方案"收藏。

随着时间的推移，鱼缸底部逐渐积累了这些记录，它们如同我内心自信的积累。几个月后，当我再回头去看鱼缸时，底部早已铺满了我叠的小船，这让我感到前所未有的踏实和自信。半年后，鱼缸已经半满，我的自信也随之增长。一年多后，鱼缸满了，我解决了数百个问题，我的自信也随之满溢。这个过程不仅帮助我记录了问题和解决方案，更重要的是，它让我见证了自己的成长和进步。鱼缸中的每一张纸条，都是我克服困难、积累经验的见证。这种积累和见证，最终转化为我内心满满的自信。这个方法对我帮助极大，一年半后，我被提升为分公司的总经理，年收入也相当可观。我的经历证明了这些方法的有效性，强烈推荐大家尝试。

**2. 语言层面，通过流畅、自信的表达充分展现自己的魅力**

语言表达能力是展现个人魅力的关键之一。自信的人通常能以流畅清晰的方式表达自己的观点和想法，他们的言辞能够吸引听众，并赢得他们的信任。在商业演讲、职场交流以及日常社交中，良好的语言表达能力能够帮助我们更有效地沟通和建立人际关系，显示出我们的自信和能力。

（1）实景描述法

这是一种有效的语言表达训练方法。在日常生活中，我们很少有站在舞台上讲话的机会，但实景描述可以帮助我们提升语言表达能力。例如，利用日常的空闲时间，如等待老师到来的十分钟，闭上眼睛回想一下你从寝室或食堂出来到教室这一路的过程。在这一路上，你遇到了什么事情，看到了什么情景，尝试去描述它们，就像在讲述一个个小故事一样。这种练习不仅能提升语言的细腻度、逻辑思维和记忆力，还能增强随机应变能力。

建议在进行实景描述时，尽量大声说出来，并在镜子前练习，观察自己的表情和肢体语言。这样做不仅能加强表达的感染力，还能训练眼神的坚定和自信，使表达更具吸引力和说服力。如果能每天坚持 10 到 30 分钟的实景描述练习，将会显著提升自己的语言表达能力。

（2）画面描述法

画面描述法是一种生动的语言表达技巧，通过细致的语言描绘静态场景或人物的细节。例如，你可以描述寝室的布局，如 6 张上床下桌的床位设计，详细描述每张床的位置排布和摆放情况，从而勾勒出整个空间的视觉画面。同样，画面描述也适用于描绘人物，包括身高、五官特征、发型、衣着，甚至是面部表情和走路姿势。

通过画面描述，不仅可以提升思维逻辑和语言表达能力，还能帮助听众或读者更清晰地理解所描述的场景或人物。建议在进行画面描述时，尽量出声表达，并且可以在镜子前练习，观察自己的表情和肢体语言，确保表达更加生动和更有感染力。这样的练习有助于培养细致入微的观察力和表达能力，提高沟通效果和表达的艺术性。

（3）微笑表达法

微笑的力量不容小觑，它能显著提升一个人的感染力和亲和力。就像我之所以脸上有这么多的褶子和皱纹，是因为我从小就特别喜欢笑。无论是平时的交流还是给学生们讲课，我总是带着微笑，这已经成为我的一种习惯。

笑肌就是我们脸颊两侧，也就是颧骨处的肌肉，当它们鼓起时，我们就是在微笑。如果说话时面部表情沉重，比如面无表情地这样说话："同学们，今天我们来谈谈自信的话题"，你会发现，这样的声音让人听起来既有距离感，又缺乏吸引力。但是，如果你微笑着说话，你会发现声音变得更加饱满和悦耳。这是因为微笑时我们的面部肌肉会帮助声音产生共鸣，让声音更加丰富和有穿透力。

所以，一个简单的微笑，就能让我们的声音和话语变得更加动听和有感染力。下次当你需要表达自己的时候，不妨试着微笑，让你的声音和表情为你的语言增添魅力。这是一个简单但非常有效的技巧，可以让我们在交流中更加自信和亲切。

### 3. 外在层面，通过你的外在形象迅速提升你的吸引力

外在层面主要指你的外在形象，这是你人生的第一大生产力。良好的外在形象在很大程度上决定了别人对你的第一印象。美国心理学家奥伯特·麦拉比安的"55387理论"强调了这一点：第一印象中，55% 来自外在形象，38% 来自肢体语言和语气，仅 7% 来自谈话内容。这表明，在面试、商务会谈或社交场合中，外在形象是关键因素。

在我与诸多 HRD 和企业家的交流中发现，他们常常在面试者敲门走进来的那一刻，就差不多决定了会谈的结果。这说明，一个人的气场和外在感觉能够给人留下深刻的第一印象。

虽然内在美重要，但如果你有良好的外在形象加持，对方会更有意愿去

了解你的内在品质。心理学研究显示，在见面的前 45 秒内，一个良好的第一印象会使人更倾向于发现你的优点，而不佳的第一印象则可能导致对方对你的缺点产生偏见。

因此，得体的穿着和优雅的举止可以吸引他人的注意，为你展示内在品质提供机会。一旦获得这样的机会，你的内在修养、智慧和才能将成为最大的魅力。

每个人都是独一无二的，都有着无限的潜力。从生命的起源来看，你已经是一个胜利者。尽管成长过程中可能会有挑战，内在闪光的一面有时会被灰尘掩盖，但你需要做的是擦拭这些灰尘，重新发现内在的自信和光彩。

懂事儿

# 第三章

## 掌控你的时间：锚定当下，高效利用

　　彼得·德鲁克说："时间是最公平的资源，每个人都有 24 小时。管理好时间就是管理好人生。"每一分每一秒的珍惜和规划，都是对自己人生最好的投资。通过制订合理的计划、设定优先级和避免拖延，不仅帮助我们提高效率，减少压力，还能使我们在工作、学习和生活中找到平衡。掌控了时间，也就掌控了生命的节奏和方向，以及我们的未来。

## 为何你的时间总是不够用？

"没有时间" 恐怕是我们每个人的口头禅，有时候是借口，有时候更是实情。大部分的人时常被这个问题困扰。

比如，每天光是处理临时丢过来的电话、邮件就已经花去了半天时间；明明感觉自己花两天时间一定可以干完的活，却经常流泪加班才干完；一直想报个学习班进修一下，交了钱却一直没有时间去；买了一堆书，准备下班闲暇时看看，结果几个月了连包装都没有拆⋯⋯

朋友也曾与我讨论过这个问题，他说："不知道你是否有过这种感觉，每天的时间好像都不够用，常常熬夜去做没做完的事，然后第二天精神萎靡，觉得时间更不够用，一周一月恶性循环下来，结果什么都没做成⋯⋯"

我们拥有的时间是一样，可是有些人可以在有限的时间里做很多事情，而且做得非常好。有的人却忙东忙西，总是感觉时间不够，最后一事无成。这中间的区别到底是什么？是谁偷走了我们的时间呢？

以一天为例，每天有 24 小时，假如用 8 小时休息，8 小时工作，那么每个人还有 8 个小时可以支配，做一些自己想做的事。但是往往这几个小时都在不经意之间被消耗掉了，比如：

上下班在路上的时间。许多人为了减轻房租压力，选择住在离工作地点较远的地方。结果，每天在路上花费的时间变得冗长而毫无意义。等红灯、等车、堵车，使这段时间感觉特别漫长。要知道，在拥挤的车厢里大概率什么也做不了，只能忍受这段无效时间。

上厕所的时间。本来五分钟就能解决的事情，却花了一个小时，直到大腿麻痹、小腿抽筋才恋恋不舍地站起来。在这虚度的一小时内，大多数时间花在刷朋友圈，看各种广告和朋友动态，这种无聊的社交网络占用了大量时间，而且每天都在重复这种行为，任时间白白地流逝掉。

无意义的社交时间。你参加过多少次这样的饭局？整个饭桌上除了礼貌的寒暄外，只剩下盯着菜看这一件事情可以做。热闹都是别人的，于是只能安慰自己，至少我吃了一顿饭。

网购时间。打开任何一个购物 App，里面都会是琳琅满目的商品首页，有多少人可以直接忽视这些写着新品打折字样的栏目，而直接去点击搜索栏。很多人其实并不是真的需要买什么，而是习惯性地浏览各种商品，结果在无意中花费了大量时间。

无效学习时间。选了不喜欢的、感觉没有什么价值的东西来学习，纯属慰藉自己。这样的学习不仅浪费时间，还容易让人产生厌学情绪，最终导致效率低下。

胡思乱想焦虑的时间。世上痛苦的人，大都是活在对过去的懊悔和对未来的恐慌中，结果大部分时间消耗在这些无用的思考上，最后什么也没做成。但过去已无法改变，未来的结果，要取决于当下的所思和所行。

"众生畏果，菩萨畏因。"普通人往往关注结果，恐慌、担心、畏惧于产生不好的果：生病了才害怕，成绩差才会忧愁，没钱才想起苦闷。这种态度，导致他们陷入无尽的忧愁、苦闷，消耗了本可以用来成长和奋斗的时间和精力，形成了一种自我消耗的恶性循环。而像"菩萨"一样的人，他们关注的是因。他们害怕的不是结果，而是可能导致不良结果的行为：怕自己没有按时休息，不注意健康饮食；怕自己没有持续学习；担心自己没有全心投入工作。他们活在当下，珍惜每一个当下，不为未来的不确定性而忧愁，不为过去的错误而懊悔，时刻努力奋斗。幸福且有结果，因为他把时间都用在了每时每刻的努力中。

与其胡思乱想，不如专注于当下。不要被过去的阴影束缚，也不要被未来的不确定困扰。通过在当下的努力，塑造自己的未来，让生活变得更加充实和有意义。

睡懒觉的时间。周末睡懒觉是大多数人的通病，抱着一觉睡到天荒地老的决心睡下去。宅人一族，宅的时候基本用来睡觉和玩游戏，早上赖会儿床，午觉再一觉睡到天黑，基本这一天就全浪费掉了。

······

以上是最常消耗我们时间却没有任何成效的事情。当感觉自己的时间不够用时，不要想着仅仅在现有的生活模式下去挤出时间。有时候问题不在于时间的多少，而在于我们对时间的管理和使用方式。

你也许也曾想过好好管理自己的时间，恨不得把每一分钟都劈成两半。比如，洗衣服做饭的时候听音频节目；坐地铁的时候捧着一本书或试卷材料；写文章的时候打开小黑屋软件强制保持注意力。然而，这种做法往往会让你心力交瘁，却没有任何其他的收获。这是因为，我们需要找到更加合理和可持续的方法来管理时间，而不是单纯地增加任务量。

这个时候，我们可以尝试着放下盲目的挣扎和焦虑，好好审视一下自己，找到那些被消耗的时间，合理安排生活与工作。

## 一、分析我们是如何利用时间的

我们要对自己的日常生活的时间做个扫描，了解自己时间的分布。首先，我们可以使用时间跟踪应用程序或手动记录，详细记录一周内每天的活动和所花费的时间，确保包括工作、学习、家务、休闲、睡眠等所有活动。

然后，我们可以将时间进行分类，如承诺时间、维护时间、自由支配时间等。

（1）承诺时间：做家务、工作和学习时间。

（2）维护时间：个人保养和睡眠时间。

（3）自由支配时间：休闲娱乐时间。

## 二、在合适的时间板块做相应的事情

在合适的时间做相应的事情，是有效管理时间和提高效率的关键。这意味着我们需要根据不同类型的活动和任务，将它们合理地安排在我们的日程中。

（1）承诺时间是我们用来完成家务、工作或学习的时间段。在这个时间板块内，我们应该专注于高优先级的任务，确保任务按时完成并达到预期的质量标准。

（2）维护时间包括个人保养和睡眠时间。这是确保身体和心理健康的重要时间段。在这段时间内，我们应该放松身心，恢复精力，以应对接下来的工作和挑战。良好的休息和保健习惯对于长期的高效工作和学习至关重要。

（3）自由支配时间是用于休闲和娱乐的时段。在这段时间里，我们可以追求个人的兴趣爱好，放松紧张的神经，以促进心理健康和确保生活平衡。

通过合理安排承诺时间、维护时间和自由支配时间，我们可以提高工作和生活的质量，降低压力和焦虑，少了许多无意义的负罪感，实现个人和职业目标的更高效率，也让生活达到一种平衡。

### 三、按照轻重缓急程度给你的活动排序

艾森豪威尔矩阵（Eisenhower Matrix），又称为重要紧急矩阵，是由美国总统德怀特·D.艾森豪威尔提出的一种时间管理工具。它将任务分为重要且紧急、重要但不紧急、不重要且不紧急、不重要但紧急这四大类，我们可以对照这种分类来确定任务的优先级，然后按照轻重缓急程度对活动进行排序，以便更好地利用时间。

（1）第一优先级：重要且紧急的任务是我们应该优先处理的，因为它们通常涉及突发的紧急情况或即将到期的任务，比如处理突发的危机事件、在限定时间内完成的工作计划等。这些任务需要立即引起注意和采取行动，以确保问题能够及时解决，避免进一步的不良影响。

（2）第二优先级：重要但不紧急的任务属于第二优先级。这些任务虽然不会立即产生压力，但对长期目标和成功至关重要，例如制订长期计划、学习新技能或维护人际关系。对于这类任务，我们可以在不受时间压力的情况下，有计划地进行规划和执行，确保在未来能够取得良好的进展和成就。

（3）第三优先级：不重要但紧急的任务属于第三优先级。这些任务可能需要立即响应，但它们对个人长远的目标和成功并不重要。这类任务包括

应对突发的社交邀约、处理来访者或接听电话等。在处理这类任务时，我们需要审慎判断是否真的需要立即响应，或者是否可以推迟到更合适的时间。

（4）第四优先级：不重要且不紧急的任务属于第四优先级，通常是时间的浪费。其中包括无目的的社交媒体浏览、长时间的无关紧要的闲聊或参与毫无意义的活动。对于这些任务，我们应尽量避免花费过多时间和精力，以免影响到更重要任务的执行和进度。

总的来说，不要把时间浪费在不重要的事情上。表面上，我们通常能够辨别事情的轻重缓急，但总会被一些假象迷惑。比如你正在筹备一项工作，突如其来的电话或者微信群里弹出的@你的信息，都有可能打断你的注意力，而它们实际上并不如我们手头的工作那么重要。面对这种情况，我们需要有意识地控制自己，迅速结束不必要的通话或关闭微信通知，以确保我们能够全神贯注地完成手中正在进行的任务。

当然，如果你担心错过了突然的重要消息，或者突然想起一件很重要的事情还没有做，但同时你又不想影响自己当下的专注力，那么你可以把这件事写在纸上，这样就不用担心会忘事儿，而且也不会打断你现在的节奏，影响你的专注力。等你忙完手中的任务再集中去处理纸上的备忘事宜即可，这叫作意念收纳法。

## 四、按照自己的时间制定办事清单和时间表

（1）整合你的当前事务。例如，上班或下班途中顺便处理快递或缴纳水电费。这样一来，你避免了专门跑一趟的时间浪费，可以更有效地利用可支配的时间资源。

（2）充分利用个人的黄金时间。每个人都有精力与效率的高峰期，可能是早晨七八点或深夜时分。将最重要、最困难的任务安排在这些时间段，有助于提高工作效率与成果。

（3）在做到以上两点的基础上，列出其他待办事项，并合理安排时间。记住，每个人都不是永动机，一定要在计划中留出时间来休息与娱乐，以便劳逸结合，保持工作效率与生活质量的平衡。

如果能做好以上三个方面，你就已经基本做到了对时间的有效管理，你的工作与学习将会使你感觉到更多的价值感而不是压力。

### 五、要管理好时间，睡眠充足是首要

很多人在没有进行时间管理的情况下，一旦时间紧张，常常选择牺牲睡眠来完成工作或学习任务。然而，这种临时应对的做法，除非迫不得已，否则长远来看代价是巨大的。因此，关键在于学会合理规划时间，提升工作效率，找到与自己适配的睡眠方法及休息时间，获得高质量的睡眠。

要想获得高质量的睡眠，以下7个方法可以帮助你，尤其是最后两个方法，是我的宝藏方法，跟你分享。

（1）锻炼。强身健体能让你的睡眠质量变得更好。有氧运动可以选择慢跑，无氧运动可以选择仰卧起坐。不管哪一种运动，只要能让你出汗排毒，都对你身体健康有好处。

（2）坚持午休。工作一上午，饭后休息一会儿能让你的头脑更加清醒。注意，20～30分钟的午休效果最佳，时间过短难以进入深度睡眠，过长则

会导致晚上难以入眠。

（3）不要在床上工作、学习或玩手机。将工作和学习放到床上进行会使你在休息时习惯性地保持警觉状态，总是神经紧张。如果习惯在床上玩手机，会使你随时想着查看手机，从而忽略时间的流逝。

（4）确保固定的入睡时间段。很多人会在周末放纵，晚上熬夜到很晚，造成不规律的作息。如果你想要良好的睡眠，就要尽量保持每晚固定的睡眠时间，无论是平常还是周末。

（5）睡前放松。避免在睡前吃东西造成饱腹感，避免进行激烈的谈话，因为这些会影响我们快速入眠。同时，我们可以进行自我暗示，想象在宽阔的海面上漂浮，喝一杯热牛奶，泡个脚或按摩身体，帮助放松身心，促进入眠。

（6）心理暗示。这个方法，是早些年我常年失眠时的良药。就这一招，让我治愈了所有的失眠和焦虑。

乍一看到"心理暗示"这个词，你是不是直接想起传统的催眠方法：数羊和数数。你会发现，越数越焦虑，难以入眠。现在，我给你分享我的绝招：睡不着的时候，试着对自己说"××千万不要睡觉"（××是你自己的名字）。

你是不是以为自己看错了？什么？睡不着，竟然还要对自己说：千万不要睡觉？那能行吗？能行，因为在人的潜意识里，并不区分否定词。比如，我说："你千万不要想，有一个粉红色的大象在你旁边，你千万不要想哦，不要想那个粉红色的大象。"你发现没有？那只粉红色的大象，已经不受你控制地来到你身边了。这就是潜意识，是不分否定词的。

所以，当你对自己说"千万不要睡觉的时候"，潜意识收到的是"睡觉、睡觉"这样的指令，慢慢，你就会被自己催眠了。这个方法之所以有效，是因为它巧妙地利用了潜意识的特性。

那为什么这句话这么好用呢？通常，当我们躺在床上，心里默念"快睡快睡"，这种迫切的渴望反而会引起焦虑，导致一个恶性循环：越想睡，越睡不着。但当你改变策略，用"千万不要睡觉"来替代，你就在心理上与自己达成了和解，而不是对抗。这种转变打破了原有的焦虑循环。此外，潜意识不识别否定词，当你反复告诉自己不要睡觉时，它实际上接收到的是"睡觉"的信号。这样，你就在不知不觉中"欺骗"了潜意识，让它接收到放松和休息的指令。

这个方法不仅有助于缓解焦虑，还能让你更快地进入梦乡。下次如果你遇到失眠，不妨试试这个简单而有趣的技巧，或许会有意想不到的效果。

（7）成功冥想。这个方法，最适用于很重要且有压力的事即将来临之前。如果你感到焦虑或失眠，它的效果尤为显著。这个方法源于我高考前夜的亲身体验。

我经历了2年复读，3次高考，我深知考前的压力和失眠的苦恼，尤其那是我第3次也是最后一次高考。但令人惊讶的是，在高考的前两夜，我却意外地睡得异常香甜，这得益于我采用的成功冥想法。

这个方法很简单：躺在床上，脑袋里像放电影一样，一遍又一遍地重温从小到大的每一个成功瞬间。那些成就给我带来的满足感和喜悦，按照时间的顺序，一件接一件地在脑海中重现，让我很是安心和自信。如果一遍过后，仍未入睡，我便再次重复这个过程。当心安定下来之后，入睡便成了自然而然的事，甚至在梦中，我也被那些令人自豪的往事环绕。第二天醒来，能量满满，带着十足的状态去迎接挑战，这无疑提高了我成功的概率。所以，当你面临重大压力，不妨试试这个简单的成功冥想法，带你进入一个安心的睡眠，让你以最佳状态迎接每一个挑战。

管理好时间，就是管理好生活。通过自我反思、合理规划和有效执行，我们能够改变"为何你的时间不够用"的怪圈，真正将时间转化为实现个人目标和提升生活质量的宝贵资源。

## 你与时间的关系属于哪一种？

这是一个信息大爆炸的时代，但同时也是一个信息极度不对称的世界。只要打开电脑或手机，网络上总会有各种各样的链接吸引着我们：某明星出轨婚变了，某政客发表最新言论了，或是让你哈哈大笑的恶搞视频，以及最新出品的电子产品让你忍不住一遍一遍地搜索。

你迫不及待地去了解这些新鲜有趣的事物，并不是因为真正需要知道，而仅仅是出于猎奇。可是这些信息并不能帮助你更好地了解这个世界，因为你始终没有用自己的标准来筛选信息。也许你会说，我只看那些自己觉得有趣的信息。可是你是否想过，在每一个网络行为的背后，我们的需求被制造，我们的趣味被引导，我们的追求被煽动。结果往往是，这些无营养的信息消耗了我们的时间，进而影响了我们。

成为什么样的人，很大程度上取决于我们如何使用自己的每一分钟。人与时间的关系塑造了我们自己。任何与我们有关的，便是我们自己。因此，认真审视自己与时间的关系，清楚当下的自己属于哪一种人，对于更好地管理时间是十分重要的。

在这之前，我们先思考一下，在我们生活中充斥着哪些事情？这些事情的性质和排序对我们分配管理时间有哪些影响？

### 一、一个人把时间花在哪里，就决定了他是什么样的人

我们知道，事情按轻重缓急可以分为四类，而每个人按其做事的行为习

惯也可以分成四种。事实上，所谓的成功和失败也因此而来。

### 1. 计划型人

如果一个人的大部分时间都用于处理重要但不紧急的事情，那这个人就是一个典型的计划型人才。这种人通常会在事情还没有变得十分紧迫时，就有预见性地制定对策，预防危机到来，或者未雨绸缪地做好统筹规划。

这种工作方式与健身教练的角色颇为相似。私人健身教练通常无法预知学员的具体身体状况或需求，他们会根据运动科学及学员画像，比如学员的健康水平、生活习惯以及职业特点，预防性地制定训练建议和方案。当开始正式私教服务时，教练会根据先前制定的预防性训练方案进行个性化调整。比如针对羽毛球运动员常见的肩袖损伤问题，教练会特别强化相关肌肉群的训练，以预防受伤。

对于重要但不紧迫的事情，有更多的时间进行深思熟虑，更有利于发挥个人大脑潜能和决策能力。像一些企业的中高层管理者、追求卓越职业发展的人士、关注成长的学子，可以在重要但不紧急的事情上投入更多的时间和精力进行计划和准备。通过这种方式，可以更有效地管理资源，优化决策过程，并为未来的挑战做好准备。

### 2. 救急型人

经常处理重要且紧急事情的人，我们称之为救急型人。这类事情的来源主要有两个方面：一是突发的重要事务，二是延误的重要事务。后者通常是由于重要但不紧急的事件未能得到及时有效的解决而演变来的。

经常跟重要紧急事务打交道的人基本属于"大忙人"，他们每天都需要处理各种棘手的事情，是整个团队中的核心骨干。这类人承受的压力也是最大的，就像超负荷运转的陀螺。有些时候，他们的努力能够扭转乾坤，挽救局势；但有时却只能收获微乎其微的工作成效。甚至他们可能会因为过于专注于紧急事务而忽视了其他重要事项，导致疏漏和错误，从而遭受他人的批评和质疑。

重要但不紧急的事情如果没有得到妥善处理，很可能会演变成重要且紧急的事。在现实生活中，突发性重要事务并不常见，而大多数所谓的"突发"事务其实是可以预见和预防的。因此，通过有效的时间管理和前瞻性规划，可以减少这类事务，从而减轻救急型人才的压力，并提高整体的工作效率和成果。

### 3. 打杂型人

在许多公司和机构中存在这样一类人，他们主要负责为客户或上司提供服务和处理杂务。这类人员通常随时待命，时刻准备按照工作要求或指令采取行动，因此他们每天看起来忙得风风火火。然而，这类工作并不被认为是"重要"的，其技能要求较低，也不需要做出重要的判断和决策。

打杂型工作的可替代性相对较高，通常不需要专门的专业技能或深厚的行业知识。因此，许多人在这个角色上，很难获得真正意义上的工作成就感或职业晋升机会。他们的日常任务多是一些琐碎而重复的事务，如整理文件、处理简单的客户咨询、安排会议室、递送邮件等。

尽管如此，这类人员在组织中的存在仍然不可或缺。他们的工作保障了组织日常运营的顺畅，为团队其他成员提供了后勤支持，使他们能够专注于更为重要的任务。打杂型人也可以通过主动学习和提升技能，为未来的发展打下基础，逐渐向更高层次的角色迈进。

大学毕业后，我选择去了一家创业公司。由于跨行业且缺乏经验，公司也处于起步阶段，我几乎承担了所有基础岗位的工作，成了公司的"杂役"：从撰写日报、设计宣传页到产品演示、客户管理，再到日常的端茶倒水、后勤采购，甚至办公室清洁。每天，我像陀螺一样忙得团团转，早上8点上班，最早晚上12点下班，晚上睡在办公室也是常有的事。

即便如此，我始终以满腔热情对待每项任务，坚守"不二过"的信条，即同样的错误不犯第二次。这份执着让我迅速蜕变，从一无所知的新人成长为能解决问题、积累经验的"老兵"。随着公司的发展，我开始组建自己的团队，并带领他们成为公司最有战斗力的队伍。两年后，我被提升为总经理。

在我看来，能力分三种：态度、知识和技能，而态度是最重要的。直到现在，不管是招聘还是培养人才，我最看重的始终是态度。因为我相信，没有正确的态度，再多的才能也难以发挥。打杂并不可怕，可怕的是肢体上的勤奋掩盖了思想上的懒惰，忙碌却不思考、不总结，犯错却不复盘、不优化。

打杂型人虽然看似处于公司的边缘，每天干了很多的杂活。但工作是否枯燥，是否有价值感，不取决于工作本身，取决于我们如何对待这份工作。只要我们全心投入，即使是最平凡的工作也能成就非凡，打杂工也可以做到总经理。

## 4. 空虚型人

沉溺于不重要又不紧急的活动，如消遣玩乐和无意义的打发时间，会逐渐削弱自制力，让人感到无聊和空虚。当我们的时间被阅读低价值小说、观看低俗电视节目、参与无聊的八卦和夜生活等填满时，这种所谓的休息并不能真正放松身心，反而会导致更深的疲倦和恶性循环。

从生物学视角看，那些看似带来短暂愉悦的活动，如刷短视频、暴饮暴食或冲动购物，实际上主要激发了大脑释放多巴胺。这种快感虽然强烈，却转瞬即逝，留下的常常是后悔和自责。

那怎么才能避免成为空虚型人，怎么才能获得持久的快乐？我们可以把关注点转向内啡肽，它是能带来持久幸福和成就感的生理激素。与多巴胺的"即时奖励"不同，内啡肽更像是一种"先苦后甜"的补偿。想想那些经过长期努力后获得的成就：企业稳定发展、升职加薪、考试成功上岸、精准的美式口语，或是健康的体魄。这些成就带来的快乐，起初可能伴随着痛苦和挑战，但最终会获得满满的成就和幸福感，这便是内啡肽的魔力。

有人说，多巴胺的快乐是浅薄的，而内啡肽的快乐才是深沉的。但实际上，无论是多巴胺还是内啡肽，只是快乐的机制不同，核心还是人。

想要即时享乐是人类的本能，既然我们的生活压力已经很大了，偶尔享受这种快乐未尝不可，关键在于适度。但长时间沉迷于其中，不仅浪费时间，还会影响个人发展和生活质量。长期如此，人可能变得懒散、拖延，对有意义的活动失去兴趣。同时，我们也不能一味地为了追求内啡肽，而过度消耗自己。说到底，自律的人才会是最终的赢家。通过有效的时间管理和自律，我们可以避免陷入空虚，提升生活质量和成就感，实现更有意义和价值的人生。

## 二、如何通过你对待时间的态度来判断你与时间的关系？

我们做一个小测试：

1. 假如让你帮忙照看一天孩子，你感觉这个孩子会是：

A. 乖巧小萝莉→ 2

B. 调皮捣蛋鬼→ 2

C. 古怪闷葫芦→ 3

2. 和孩子第一次见面，你打算做的第一件事情是：

A. 一起做户外运动，例如扔飞盘→ 4

B. 和孩子聊聊接下来几天的安排→ 4

C. 拿出为孩子精心准备的礼物→ 5

3. 孩子到达约定地点比原先约定的时间晚了一个多小时：

A. 让你着急了好一阵，怎么还没到呀？→ 5

B. 你挺淡定，心想肯定有什么事情耽误才会晚到→ 5

C. 你压根没注意到孩子晚到了→ 2

4. 到了吃饭时间，孩子继续玩游戏，不肯过来吃饭：

A. 你会让孩子玩尽兴了再过来吃饭→ 5

B. 你会坚持要求孩子过来吃饭→ 6

C. 你会和孩子商量好五分钟以后过来吃饭→ 6

5. 孩子做作业拖沓，很晚了还没完成：

A. 你有点生气，觉得很有必要培养孩子的学习习惯→类型 C

B. 你有些无奈，觉得只能靠孩子自己调整，不能逼迫→6

C. 你有些同情孩子，觉得功课压力好大→7

6. 孩子很投入地玩电子产品，你会：

A. 不限制时间，认为玩够了自然就不会再玩→类型 A

B. 限制时间，但是在孩子的央求下最终妥协→7

C. 限制时间，到时间就坚决收掉 iPad→7

7. 孩子到睡觉时间了，你的态度是：

A. 要求孩子必须按时上床睡觉→类型 C

B. 只要不影响他人，他自己想什么时候睡都可以→类型 A

C. 孩子如果玩得高兴，可以晚点睡→类型 B

**类型 A**：对时间放纵享用，"时间管理"这个词似乎不在你的脑库里。

你喜欢自由自在地生活，不喜欢制订计划或按计划行事，因此一般不会按部就班，而是到紧急关头才投入战斗，一气呵成。即使制订了一天的行动计划，也很少严格按计划执行。也许你生活的家是这样的——不是很注重对时间的控制，比如家里电视通常随意开着，一家人很少在同一时间围坐在餐桌边就餐，周末假期想睡到几点就睡到几点，通宵也是常有的事。这种生活方式的好处是，你能够感受到最大的自主性和自由度，比较遗憾的是，你的生活和工作相对没有规律，做事情容易虎头蛇尾，有兴趣的时候做，没有兴趣的时候就扔到一边。

如果想高效率利用时间，还需要从强化时间观念开始，比如制订一个现实有力的任务执行时间计划，帮助你控制自己的时间，然后再一点一点地提升自己的专注力和执行力。

**类型 B：**对时间的态度是温和但不够坚持，所以很多时候时间溜走了。

对时间的态度温和但不够坚持，导致时间常常悄然流逝。你对每天的生活有大致的规划，每天起床和吃饭的时间相对固定。你常常希望按计划工作学习，但在执行上对自己过于宽容。你会觉得，不喜欢的事情为何要强迫自己去做呢？例如，你原本打算晚上八点开始写稿，但正在看的电视剧太精彩了，你会对自己说"再看一会儿吧"，因此经常成为拖延症患者，并饱受懊悔感的折磨。

如果想更有效地利用时间，下决心遵守时间约定是你最需要做的。以下几点忠告可供参考：首先，设定恰当的目标，避免把时间浪费在混乱中；其次，区分主次，优先处理重要的事情；再次，学会妥善应对可能面临的各种干扰，例如工作时屏蔽微信微博，对一些不需要马上回复的邮件集中处理，等等；最后，也是很重要的一点，坚持今日事今日毕，战胜拖延症。

**类型 C：**很珍惜自己拥有的时间，善于进行自我时间管理。

很珍惜自己拥有的时间，善于进行自我时间管理。每天你都尽量保持一定的生活节奏，无论是工作日还是休息日，都按时起床、吃饭、工作、休息。

即使有突发事件也能迅速调整计划，日子过得井井有条、从容不迫。这可能要归因于你的家庭成长环境的影响，你通常在家教比较严格的家庭长大，父母有较强的时间意识。你从小就形成了这样的观念，例如"学习的时候绝对不看电视""每天玩游戏的时间必须有所节制"等，因此养成了注重时间管理的习惯，专注力和自律力也比较强。

测试结果不一定完全契合你的情况，但足以说明你比较关注时间管理，也善于运用一些时间管理策略，哪怕只是无意中运用。同时，你一定体会过时间管理带来的回馈：工作效率提高，工作和生活得到平衡。另外，你可以尝试着不做任何计划地度过一两天假期，有时候毫无目的地发呆或闲逛会让你卸下一些负担，以期更高效地利用你的时间。

# 高效管理你的闲暇时间

在乘坐公共交通工具时，你是否注意过周围的人们？有人在看书，有人在听音乐，有人在刷短视频，有人在玩手机游戏……几乎每个人都在忙着什么。

俗话说，盗贼利用时间，谋士创造时间。一个有效率的人既是谋士又是盗贼，他们能从无关紧要的事或休闲活动中窃取时间，创造精彩人生。

闲暇定终生，你的闲暇时间藏着你对生活态度和事业的追求。在事业上有所成就的人都有一个诀窍：把"闲暇"变为"不闲"，即不偷懒，不贪图享乐。爱因斯坦曾组织过"奥林比亚科学院"每晚例会，与会者手捧茶杯，边饮茶边讨论，许多科学创见都产生于饮茶之余。剑桥大学甚至将茶杯和茶壶列为"独特设备"，鼓励科学家们在饮茶时交流思想和成果。许多人在闲暇时间积极开创"第二职业"。在概率论和解析几何方面有卓越贡献的费尔马，第一职业是律师，数学是他的"第二职业"。

反观我们许多人，工作时间之外究竟做点什么，很多人都没有想好。每个人似乎都成了低头族，晚上迟迟不睡觉，用大量的时间来刷微博，刷朋友圈，刷抖音，刷到后半夜，而后空虚无比，困意袭来。也有一些人很有危机感，总想利用业余时间学点什么，于是报了各种游泳班、写作班、健身课，可是没过多久发现坚持不下去了，只能统统放弃。放弃之后还不断自责，决定卷土重来下个狠心，下次一定要成功，然而下次最终还是会放弃。于是这种周而复始的失败使自己陷入了深深的自我怀疑之中。

如果我们能够发现并利用那些被忽略的零碎时间，我们就能在人群中脱颖而出。就像一滴水虽然微不足道，但无数滴水汇聚起来就能形成浩瀚的大海。如果我们能把握好每天的闲暇时间，哪怕是做一些看似微不足道的小事，不断积聚力量，那么一个月、一年下来，我们就能在这些业余时间里收获良多。

时间不仅是人人皆有的资源，更是人生最大的资本。要想在有限的时间内取得卓越的成就，关键在于懂得合理地支配自己的时间，尤其是那些看似不起眼的闲暇时间。否则，时间就会从你身边白白流失，对你走向成功毫无帮助。

心学大师王阳明 35 岁时被贬贵州龙场，担任驿丞一职。由于公务不多，他有了大量的空闲时间。在这些无事的日子里，王阳明并没有让自己彻底闲下来，而是不断地思考一个问题："圣人处此，更有何道？"

经过长时间的静心思考，王阳明终于找到了答案。在一个午夜，他从床上一跃而起，兴奋地说道："圣人之道，吾性自足。"过去从外物求天理是舍本逐末了。由外及里的路子整个是场误会。在这些闲暇日子里，王阳明不停地思考，终于找到了他的"道"：圣人之道吾性自足，人人皆可成为圣人。这一发现被后人称为"龙场悟道"。这一悟，不仅标志着心学的诞生，也是他个人成为圣人的关键转折点。他提出的"吾性自足"和"人人皆可成为圣人"的理念，深刻影响了后世，掀开了心学的新篇章。

无事则安，安即学习、思考。日常工作繁忙，并没有富余的时间留给自己用来思考，在无事的日子里，不妨给自己的灵魂充充电。把平时的闲暇时间充分利用起来，拟定一个闲暇时间利用计划，避免时间浪费和无所事事的状态。

## 一、每天给自己 30 分钟独处时间

真正的独处，是一段不受外界干扰、只与自己相处的时光。它不是简单地刷视频或看剧，而是真正地与自己对话。工作或学习之后，给自己一段独处的时间，不仅有助于放松身心，还能减轻压力，预防焦虑和情绪不稳。

每天抽出 30 分钟来独处，进行深呼吸、冥想或安静地享受一杯咖啡或茶，这样的静谧时刻能让我们平复心情，思考和解决日常问题，提升生活与工作的效率。

我个人特别享受每天早晨的 30 分钟冥想。平日里，工作节奏非常快，每天要学习的东西也很多，我也会时常感觉到压力。打坐冥想，让我享受其中：安静地盘坐在垫子上，保持大脑中没有杂念，心无旁骛，静坐半小时。看似很无聊有些枯燥无味，却给我带来很多意想不到的好处：减轻了我的压力和焦虑感；改善了我的睡眠，很多年轻人深受失眠之苦，躺在床上却毫无睡意时，不如尝试一下冥想法；增强了记忆力和专注力。冥想可以让大脑摒弃外界喧嚣而只专注于当前时刻，因此能防止思想过于跳脱而无法集中，使我们的思维高度集中于某一事物而增强对其记忆；甚至有利于增强免疫力，焦虑感会降低我们应对逆境的能力。

给自己 30 分钟的单独休息时间不仅是为了放松身心，还是为了提高生活质量和工作效率。这段宝贵的时光可以让我们远离忙碌的生活，享受内心的宁静，以及有机会清理头脑并解决问题。

## 二、坚持记录

何为记录？即把所见、所闻、所思、所想等通过一定的手段保留下来，并作为信息传递开去。

我们首先来做一个尝试，拿出一张纸，试着写出以下问题的答案：

今天你的一日三餐吃了什么？

昨天你的一日三餐吃的什么？

上一周，你的一日三餐吃的什么？

也许第一个问题，你能完整回答，第二个问题，你能记得七七八八，但我相信第三个问题 80% 的人无法回答。毕竟，人的记忆是有时限的，如果缺失记录，过往的事情或许就会消失在空气里。

日本一部小成本纪录片《我痴呆了，请多关照》，拿下了日本文化厅的文化纪录电影大赏。这部电影没有巨大的投资和吸引眼球的宣传，更没有耳熟能详的名团队和名演员，整部片子的素材都是信友直子一个人处理的。镜头里面记录的是直子的父母最真实的日常。看似平淡，像是白开水的片段，却感染了每一位观众。但是他只做了一件很简单的事情，每次回家他就会拿出摄像机记录家人的一点一滴，这已经成为他坚持许多年的一个习惯。

在日常生活和工作中，你可以采用周记的形式来记录自己的生活、努力、成就。我自己已经坚持写周记这件事 5 年了，每每回顾起来，都感觉自己的人生硕果累累，同时坚持写周记，也很有利于自己去做复盘和提升。同时，记录是对历史的尊重，对未来的信心，对当下的接受！

记录的好处在于，它不是以"成果"为焦点的，是以过程为焦点。用平凡铸造"不平凡",你只需要用心地去记录,平常的日子也会因为这些记录而生动起来。

### 三、坚持复盘

"复盘"原是围棋术语,本意是对弈者下完一盘棋之后,重新在棋盘上把对弈过程"摆"一遍,看看哪些地方下得好,哪些地方下得不好,哪些地方可以有不同甚至更好的下法。复刻到实际工作、生活中,复盘是指从过去的经验、实际工作中进行学习,帮助管理者有效地总结经验、提升能力、实现绩效的改善。

复盘的类型可以分为三种:个人复盘、团队复盘、复盘他人。

个人复盘即复盘个人主导的某项事宜;

团队复盘一般是团队成员一起复盘本团队所主导的某项事宜;

复盘他人则是指复盘他人所主导的某项事宜。

复盘可以帮助明确目标,节省和高效利用资源,帮我们少走弯路。那么对哪些事儿我们需要复盘呢?

新的事儿,如新技术探索、市场调研等;重要的事儿,比如所需的资源多、协调部门多、结果影响大的活动或事件等;有学习价值的事儿,比如技术创新、亮点等;未达预期的事儿;等等。

那么怎么高效地进行复盘呢?

步骤一:回顾。当时定的目标是什么?现在做到什么程度?现在的结果和目标对比处于什么状态?

步骤二：反思。反思的具体含义是找出复盘的事项在过程中主要的亮点有哪些，主要的不足有哪些，并分析亮点和不足产生的主观、客观原因是什么。

步骤三：探究。探究的具体含义是总结规律，并对规律的结论进行判断。这里所说的总结规律简单来说就是对事项的整个过程进行分析，然后总结出运作、处理或解决类似问题通用的流程、方法或核心要点，从而将具体的事项经验抽象提炼，变成可迁移的有效工具。

步骤四：提升。提升的具体含义是对我们后续的行动计划进行明确，包括三个方面的行动计划：

（1）开始做（经过复盘，发现哪些之前没做，现在需要做的）；

（2）继续做（经过复盘，发现哪些之前做得不错，现在仍需保持的）；

（3）停止做（经过复盘，发现哪些之前做得不对，现在要停止做的）。

在日常工作和生活中，我们要坚持复盘，我们不能只顾着低头走路，也要适时地回头看，走过的路，有没有出现偏差，及时纠正，才能勇往直前。建议你可以：

（1）小事及时复盘：行动结束后进行及时复盘；制定改进方案并落实。

（2）大事阶段性复盘：大的项目在执行中，要进行阶段性复盘（半个月或一个月）；对目标或策略及时调整。

（3）事后全面复盘：大的项目或战略结束后，要进行总复盘，总结经验教训，找到规律。

#### 四、坚持阅读

无论多忙，每天抽出一段闲暇时间来阅读，不仅可以放松身心，还能增长知识，提高思维能力和语言表达能力。

（1）首先选择合适的书籍。选择你感兴趣的书籍，不管是小说、传记、科幻、历史还是专业书籍。还可以参考一些推荐书单或知名作者的作品，这样可以避免花费时间在质量不高的书籍上。

（2）制订阅读计划。在早晨、午休或者睡前安排固定的阅读时间，使之成为日常习惯；同时设定每日或每周的阅读量，比如每天阅读2 ~ 20分钟或每月读完一本书。

（3）利用电子书和有声书。在开车、做家务或锻炼时，可以听有声书，有助于充分利用零碎时间。

（4）营造良好的阅读环境。在家里或办公室营造一个舒适的阅读环境，减少干扰，提高阅读效率。

如何轻松地养成阅读的好习惯，可以参阅第五章《无压力，轻松养成好习惯》。

## 做急事远不如做要事

人们习惯按照事情的紧急程度来决定行事的优先次序，却很少静下心来仔细衡量每件事情的重要程度。大多数人认为，紧急事项应优先执行，而重要事项，尽管其价值重大，似乎总被认为有更多时间来处理。

但是在大多数情况下，越是重要的事情越是不紧迫。以健康为例，无人不晓其重要性，关于健康的信息与产品也层出不穷。然而，戒烟、节制饮酒、坚持锻炼身体、均衡饮食——这些维护健康的基石，对于当下的你来说很急迫吗？并不会。我们往往认为，这些可以无限期地延后，直至健康不在，才会后悔当初为什么没有重视。

我们的老祖宗曾劝诫我们"缓事宜急办，敏则有功；急事宜缓办，忙则多错"。这里面就提到了对待要事要早点办，优先办。坚持做要事不做急事的原则，我们则具有更多的主动性、积极性和自觉性。重视那些重要但不急迫的事情，更能从容不迫地提高我们的工作业绩和生活质量。

伯利恒钢铁公司从当年默默无闻的小钢铁厂一跃成为世界上最大的独立钢铁厂。在此之前，有个故事：伯利恒钢铁公司总裁查理斯·舒瓦普曾与效率专家艾维·利进行了一次关键会面。艾维·利自信地提出他的策略和方法能帮助舒瓦普显著提升公司的管理效率。然而，舒瓦普并未被轻易说服，他回应道："管理之道我已了然于心，但公司现状并不尽如人意。我所需要的，不是更多的理论知识，而是实际的执行力。"同时，他向艾维·利提出了挑战："我知道该做什么，如果你能告诉我们如何更好地执行计划，我愿意倾听，并且报酬由你来定。"

艾维·利自信地回复道："我给你一样东西，10分钟内可以让你公司的业绩提高至少50%。"说完，递给舒瓦普一张空白纸，说："请列出你明天要做的最重要的六件事。"过了一会儿他又说："现在请用数字标明每件事情对于你和公司的重要性次序。"又过了大约5分钟，艾维·利接着说："明天早上，第一件事情就是拿出这张纸条，专注完成第一项。完成后，再用同样的方法依次处理第二件事、第三件事……直到你下班为止。如果一天结束时，你只完成了第一项，那也没关系，因为你总是在做最重要的事情。"

艾维·利又说："每天都要这样做，直到你确信这个方法的价值。之后，你可以将这一方法推广到整个公司，让公司的人也这样做。至于报酬，你认为这个方法值多少就给我多少。"

整个会面历时不到半个小时。几个星期之后，舒瓦普给艾维·利李寄去一张25万美元的支票，并附上一封信。他在信中说，从经济角度看，这是他一生中最有价值的一课。

其实，养成做要事不做急事的习惯并不难，最重要的就是给自己设定一个高远的目标。"凡事预则立，不预则废。"当我们有了目标，就能清楚地知道在工作和生活中哪些事情是真正重要的。一旦我们明确了目标，判断标准就会十分清晰：那些有助于实现目标的事务，无论是否紧迫，都应被视为重要事项。我们也应该积极、主动、自觉地去实施处理，而不是每天被动地应对各种事务。

把什么放在第一位，是人们最难懂得的。

很多人不幸陷入了这一困境，他们未能区分任务的轻重缓急，而是陷入了一种眉毛胡子一把抓的混乱状态。他们未能认识到，简单地按紧迫性来安排任务，而非基于重要性，是一种短视的行为。这种倾向造成一种普遍的误区：一些人错误地将忙碌等同于效率，将工作量等同于成就，而忽视了工作质量和目标达成的重要性。实际上，真正的成绩并非源于忙碌本身，而是源于我们如何智慧地选择和执行那些对实现我们长远目标最为关键的任务。

为此，这里给大家提出几条建议：

### 1. 每天一张优先表

每天早晨或前一天晚上，列出当天需要完成的所有任务，并根据它们的重要性和紧迫性进行排序。艾森豪威尔矩阵是一个很好的工具，它将任务分为四类：紧急且重要、紧急但不重要、重要但不紧急、不紧急也不重要。优先处理重要但不紧急的任务，因为它们往往对实现长期目标和个人成长最有价值。

你可以使用纸笔、电子表格或者任务管理软件来制作优先表，并定期检查和更新，以确保重要任务不会被遗忘。这种方法不仅能帮助你更有效地管理时间和精力，还能提升工作效率和生活质量，使你在紧张忙碌的生活中始终保持对长远目标的清晰认识和坚定追求。

### 2. 排序之后，制定一个进度表

根据优先表，制定一个详细的进度表，以确保重要任务得到有序推进，避免被忽略或拖延。以下是实现这一目标的关键步骤：

细化任务。对每个重要任务进一步细化分解为具体的行动步骤和子任务，并为每个子任务设定明确的开始时间和完成时间，以确保整体任务能够按计划推进。这种详细的规划有助于减少任务执行过程中的不确定性和延误，提高工作效率。

定期审视进度。定期审视和更新进度表，以确保其有效性。每天、每周或每月对进度表进行审视和更新，评估已完成任务的进展情况，并根据需要调整后续任务的优先级和时间表。这种持续的反馈机制能够帮助你保持对整体目标的清晰认识，同时灵活应对工作和生活中的变化和挑战，确保目标方向不变且进展顺利。

### 3. 确保执行时坚持之前的排序

知是行的开始，行是知的结果。

很多时候，我们都认为自己懂了很多，知道了很多，但其实，没有做到，就不是真知道。所以，行才是知的结果。

要将这些重要事务做好，往往需要付出巨大的努力。

因此，在执行任务时，我们必须严格遵循优先表和进度表，避免被突如其来的紧急事务干扰。同时，我们要学会适时地说"不"，以确保我们能够集中精力优先处理那些真正重要的任务。通过这种方式，我们可以确保在追求卓越的过程中，始终保持专注和效率，不断地向着我们的目标前进。

# 制订计划：再急也不耽误磨刀的时间

人生的计划就像一座桥梁，连接我们现在所处的位置和将来我们想要去的地方。没有计划，所有实现目标的口号往往只是空话。计划对于我们的工作和人生至关重要，如果你在计划上失败了，那你大概率会在执行上失败。一个没有计划的人生是杂乱无章的，这就是为什么有些人总是在瞎忙，却不曾取得好结果的原因。

我有一个学生叫袁立，大四的时候，找我做考研规划。测评后，我发现，她各科成绩都不错，而且语言表达能力也不差，正常发挥考进985院校没什么问题。我好奇地问她：以她的成绩和能力，为何不走保研之路，怎么大四开始筹备考研呢？当我问完这个问题，她抬头看我，眼泪在眼眶里打转，很委屈地说：大一的时候，没重视计算机这个学科，计算机课程挂科了。其他科成绩再好，有了挂科的经历，保研再也与我无缘了。

这是典型的缺乏明确目标和规划的例子。像这样的学生，每年都会遇到很多。不是他们不够优秀，只是因为出发前没有详细规划而错失机会。很多学生，都是寒窗苦读十二载，家长也拼了命地培养孩子，就想让孩子高考多考些分数，将来上个好大学。但我们更关注的是：

未来你想成为什么样的人？

上大学的目的是什么？

毕业后想做什么样的工作？

你是想去体制内还是体制外？

你想按部就班上班还是自主创业？

你想去一线城市生活，还是二线？还是三、四线城市？

你想去大厂工作？还是创业公司工作？

你喜欢哪个行业？教育行业、制造业，还是科技行业？

若想人生少走弯路，不迷茫，就必须有计划、有明确的目标，任何伟大的目标都需要有计划、有组织地一步步进行。

## 一、为什么要制订计划

在制订计划之前，我们首先要搞清楚一个问题，就是为什么要制订计划？有些人会很困惑，觉得制订计划没什么必要，尤其是一些比较短期的小目标，觉得在心里有个谱就好了。那么制订计划的意义到底在哪里呢？

### 1. 清楚自己要做什么

明确自己的任务并将其记录下来，远比仅在脑海中构想要有效。记录不仅使我们的思维更加清晰，在记录过程中，我们能更全面地思考问题，提高决策和执行的效率。

如果袁立在大一时就清晰地设定了保研的目标，并且了解保研的条件，她对计算机这门课的态度就会截然不同。她会更加重视，投入更多的努力，从而避免了挂科的遗憾，保住了保研的机会。明确的目标和对实现路径的了解，能够让袁立在大学生涯的每一个阶段都做出更明智的选择，确保每一步都朝着既定方向前进。这样，她不仅能够充分发挥自己的优势，还能及时补齐短板，确保不会因为一时的疏忽而错失重要的机遇。

## 2. 清楚事情的进展情况

在执行任务的过程中，定期回顾和评估计划，这有助于我们重新审视和调整时间安排。正如俗话所说，"计划赶不上变化"，在制订计划与实际执行之间，我们能更清楚地认识到实际情况，这为我们提供了灵活调整策略的机会，确保我们能够适应变化，有效推进目标的实现。

## 3. 让自己的时间得以有效利用

这样就是可以省出更多时间，让自己生活更加从容，不至于顾此失彼，失去正常的生活节奏而难以坚持下去。

清楚了计划的意义和必要性，你一定明白想取得一定的成功，我们要做的第一件事就是必须建立一个坚定而且明确的目标。为了实现目标、实现自律，我们可以把远大的目标分解为若干个小目标，然后再依次去实现它们。这样一来，每次实现一个小目标，内心就有一种成就感，自信心就会大增，这种成就感会进一步增强我们的自律能力。只要一步步走下去，最终会实现那个看起来遥不可及的"大目标"。

## 二、制订计划的六个 W 原则

### 1.WHY（为什么）

明确为什么要执行这个计划是解决问题的第一步。深入分析问题的根源和意义，能够为制定有效的解决方案提供动力和方向。这种理解可以帮助我们有针对性地制定策略，确保问题得到根本性的解决。

## 2.WHO（谁）

确定计划的执行者和相关参与者。这涉及计划是由个人完成还是需要团队合作，选择合适的人员可以提高执行效率和成果质量。清晰地分配责任和任务，确保每个人都明确自己的角色和任务。

## 3.WHAT（做什么）

明确计划的具体内容和目标。设定明确的目标和任务，帮助我们在整个执行过程中保持目标导向和行动一致性。这确保了我们不会在过程中偏离或失去方向，而是有条不紊地朝着目标前进。

## 4.HOW（怎么做）

制定有效的执行策略和步骤。在开始执行之前，应该考虑清楚应该如何实施计划，确定方法和过程是成功的关键。这确保了我们在开始阶段就具备必要的行动计划和方法论，有助于顺利推进任务。

## 5.WHEN（什么时候）

什么时候做？今天，明天，还是后天？缺乏明确的开始时间，我们可能会陷入无休止的拖延，最终一事无成。同时，我们还需要评估完成这项任务需要的周期。制定一个预期的工作时间表，不仅有助于提高工作效率，还能激励自己保持动力和专注。

## 6.WHERE（在哪里）

选择适合的执行地点或环境。确定在哪里执行计划是必要的，不同的环境可能对效率和注意力有不同的影响。选择合适的地点有助于提高工作效率和专注度，确保任务顺利进行。

我们还是以袁立同学保研目标为基础，利用六个 W 原则，为她制订一个清晰的行动计划。

（1）**WHY**：明确保研的动机，比如为了进入顶尖研究生院深造，或是因为对学术研究的热爱，认为保研可以为她的未来职业发展打下更好的基础。

（2）**WHO**：袁立是实现这一目标的主体。同时，可能还需要指导老师、学术导师和学长学姐（尤其是成功保研的）等，他们可以提供必要的支持和帮助。

（3）**WHAT**：袁立的目标是获得保研资格。这意味着她需要满足所有相关条件，包括优异的各科成绩和良好的个人综合素质。

（4）**HOW**：实现保研目标的具体方法包括，保持每门课程的优异成绩，特别是那些可能影响保研的科目；加强与教授和同学的交流，提高自己的学术和语言表达能力；积极参与学术活动和研究项目，提升自己的科研能力和背景；了解并遵循学校的保研政策，确保自己符合所有条件。

（5）**WHEN**：制定一个时间表，明确每个学期和每个阶段的目标和任务。比如，短期计划：每学期初设定学习目标，每学期结束前完成成绩目标。长期规划：从大二开始，逐步参与科研项目，为保研积累经验。

（6）**WHERE**（在哪里）：学习场所：图书馆、计算机实验室、教室；科研场所：学校实验室、研究中心。

其他具体操作性分解：

学期学习计划：每学期初，根据课程表制订详细的学习计划，包括每周的自习时间和科目复习重点。

科研经验积累：大二下学期开始，每月至少投入 8 小时参与科研项目或实验室工作。

学术活动参与：每学期至少参加 2 次学术讲座或研讨会，拓宽视野并建立学术网络。

成绩监控：每学期结束，评估成绩和学习计划的执行情况，及时调整策略。

保研材料准备：大三开始准备保研所需的材料，包括成绩单、推荐信、个人陈述等。

通过这样的具体分解，袁立可以确保每一步都有明确的目标和行动计划，从而提高保研成功的可能性。

## 三、如何全面制订计划，使学习和工作节时又高效?

### 1. 全面分析，正确认识自己

进行深入的自我分析，认清自己的学习习惯、工作方式、优势和不足。这包括识别你的学习风格，比如你是独自学习更加专注，还是团队合作更能激发灵感；你是清晨头脑更清晰，还是夜晚思维更活跃。只有深入了解自己的习惯、偏好、动机和目标，你才能选择最适合自己的方法，制订出既个性化又高效的学习和工作计划。

### 2. 结合实际，确定目标

设定目标时，必须贴合实际，既要考虑自己的能力和资源，也要确保目标具有挑战性，激励个人成长。

首先，进行一次深刻的自我审视，有助于设定切实可行的目标，避免目标过于理想化或不切实际。评估自己的知识储备和技能水平，识别出那些让我们脱颖而出的优势，以及那些需要进一步磨炼的领域。

其次，目标的设定要与我们的时间和精力相匹配，确保目标的实现不会导致工作、学习、家庭和休闲等事务的失衡。

最后，目标的设定应该是动态的。定期回顾和调整目标，确保始终与我们的长期愿景和短期能力相匹配。

### 3. 长计划，短安排

对每个目标先拟订一个科学合理的长期计划；再将其阶段化，分解到每天要完成的事项；然后立即行动，将工作落到实处。通过这种方式，长计划指引我们的方向，短安排推动我们的日常行动。简而言之，就是将梦想分解为可执行的步骤，然后一步步去实现。

### 4. 突出重点，不要平均使用力量

对任务或目标，就像打靶要瞄准靶心一样，必须先找出最关键的部分。在开始工作前，挑出那些"重头戏"，并按重要性排序，确保最重要的任务优先完成。把时间和精力集中在能带来最大成效的地方，而不是分散在次要事务上。同时，工作过程中要不断调整策略，评估哪些方法最有效，哪些可以简化。这样，你就能始终聚焦重点，避免走弯路，实现更高的效率和成果。

### 5. 脑体结合，工作和其他活动应合理安排

确保工作高效且身心健康，得把脑力劳动和体力劳动结合起来。工作时，

别连续几个小时只做一件事。当你专注于任务一段时间后，就得站起来，活动一下，哪怕是散散步或做做伸展。

日常工作里，穿插短暂的休息和轻松的体育活动，这有助于放松紧绷的肌肉，让血液流通，也让你的精神得到恢复。下班后，别直接瘫在沙发上，去跑跑步、游游泳或者练练瑜伽，这些活动有助于你晚上睡得更香。

到了周末，安排些户外活动或追求自己的爱好，这不仅让你从工作的压力中解脱出来，还能激发你的创造力。简而言之，就是工作再忙，也要记得给身体和大脑适时的休息和锻炼，这样才能保持活力，提高效率。

### 6. 计划要留有余地

制订计划时，留些弹性空间。生活充满变数，工作也常有意外，太紧张的计划容易因小变动而全盘乱套，增加压力，降低效率。所以，给计划留点余地，比如安排些空当时间，这样遇到突发事件时，你就能更淡定应对。这种留白不仅让计划更可行，保持连续性，还能提升你的工作生活质感。

### 7. 注意效果，定期检查，及时调整

定期评估，可以识别出哪些方法有效，哪些需要改进。这种反思和评估有助于及时发现问题，防止小问题演变成大障碍。

检查时，可以问自己几个问题：任务是否按计划完成？实际执行是否符合计划？结果如何？

根据检查结果，总结经验教训，找出偏差，分析原因，及时调整策略和计划。

懂事ル

# 第四章

## 提升你的社交：沟通有效，社交才有用

在现代社会，社交能力是不可或缺的重要技能，而社交的真正价值，不在于你认识多少人，而在于你与他人是否建立良好的关系。有效的沟通是社交成功的关键。无论是在职场、家庭还是朋友之间，清晰、真诚和恰当的交流能建立信任，增强理解，促进合作。通过提升沟通技巧，我们能够更好地表达自己，理解他人，从而建立更有深度和价值的人际关系。

# 好口才，让你的人生如鱼得水

在当今这个信息爆炸的时代，拥有好口才是一个人非常重要的能力。口才不仅是职场竞争中的利器，也是社交场合中赢得尊重的关键。它就像一把钥匙，能够开启通往成功的大门。

口才之所以如此重要，不仅因为它本身的魅力，更因为它在实际生活中的巨大价值。无论是个人发展还是社会交往，良好的口才都能带来积极的影响。因此，投资于口才的培养，无疑是一个正确的选择。这不仅是个人能力的提升，也是在各种场合中更好地表达自己、赢得成功的保障。

## 一、讲好听的话

卡耐基在《人性的弱点》中提到，在社交场合中，除了要认真倾听对方讲话，还要口吐莲花，让对方感到愉快，从而激发对方与你深入交流的兴趣与欲望。

口吐莲花，就是说好话，也就是讲好每一句话，讲好听的话。有人可能会说，这难道不是奉承别人吗？当然不是。说好话不是奉承，更不是说假话，而是将自己的意图以一种让人愉悦的方式表达出来。正如证严法师所说："心地再好，嘴巴不好，也不能算是好人。"所以，多说好话，少说坏话，也是一种修行。

那么，我们为什么要坚持说好话呢？这就不得不提到说好话的两大规律——相同律和相反律。这两个原则指导我们在不同的情境下，如何用言语去建立积极的人际关系，促进更深层次的交流。通过这种方式，我们不仅能赢得他人的尊重，也能在社交中取得成功。

（1）在人际交往中，说好话的相同律：你如何对待别人，别人也会如何对待你。这就如同古语"投之以桃，报之以李"，当你给予他人赞美时，他人也会回馈你同样的善意。在不太熟悉的人之间，这种相互尊重和赞美的互动，可以迅速拉进彼此的距离。当你让对方感到愉悦时，对方也会用同样的方式回应你。这种交流是自然而然的，不是刻意安排的，正如"来而不往非礼也"，这就是相同律的道理。

例如，你是一位管理者，你的下属做了一份项目调研报告给你。你如果选择"说好话"，那么他的优点就会被你固化下来。

例如，你说："小王，我看你给我提交的这份报告，条理清晰，每个重点板块你都加粗了黑色字体，需要额外注意的数据，你都标记了红色，我觉得你真的是一个办事细心，且为他人着想的人，你这么标记，帮我节约了很多时间。"

受到这样的肯定，小王感到自己的工作得到了认可，信心倍增。在随后的工作中，他不仅保持这个优点，还主动给团队其他成员分享心得和经验。这种正面反馈不仅激励了小王，还促进了团队成员间的相互尊重和支持。通过这种积极的互动，团队的凝聚力和工作效率都得到了提升。

（2）说好话的相反律，是一种微妙的交流艺术。相反律就是你夸奖对方，对方会自我批评。或许别人夸奖你是希望你继续努力，要保持现在这种优秀的状态。

例如，假设你是一位团队领导，最近你的团队成员小李完成了一个非常成功的项目。在团队会议上，你公开表扬了小李："小李，你的项目执行得太棒了，你的创新思维和对细节的关注是项目成功的关键。"面对这样的夸奖，小李可能会回应说："谢谢领导的肯定，但我觉得我还有很多地方可以改进，比如在时间管理上我还可以做得更好。"这种自我批评的回应，既展现了小李的谦虚，也表达了他希望继续进步、保持优秀状态的愿望。

这个案例说明了相反律在实际生活中的应用。他人对我们的夸奖，往往是对我们当前表现的认可，同时也是一种鼓励，激励我们继续保持并努力提升。而我们的自我批评，不仅是对自身要求的体现，也是对他人赞美的一种积极回应，表明我们有自我提升的动力和空间。

### 二、讲说服别人的话

许多人对口才存在一定的误解，认为说话多、说话快、滔滔不绝的人就是有口才。这些人一开口就喋喋不休、东拉西扯，言之无物。虽然他们能说，但并不代表他们有真正的口才。对于这种人，北京人叫"侃大山"，东北人叫"瞎忽悠"，这些都不是真正的口才。真正的好口才是说话精准有效，能够直击人心，具有说服力。

口才的精髓在于说服能力——通过语言表达使他人心悦诚服。口才好的人不一定话多，他们的高明之处在于能够洞悉他人的想法，用简短的话语就能让人信服。这样的沟通方式在职场中尤为重要，能帮助你在会议中提出有力的观点，在谈判中赢得优势，在团队中有效传达信息，从而推动工作顺利进行。

具备说服力的好口才还能建立和维护良好的职场关系。通过有效沟通，你可以更好地理解同事和上司的需求，提出建设性的建议，并在关键时刻获得他们的支持。这不仅能提升个人的职业形象，还能为团队和公司的整体业绩贡献力量。

例如，当你需要向上级汇报你的工作成果并争取加薪或晋升，不是使用过多的自我夸赞，而是专注于具体成就和数据。如："在过去的这个季度，我带领团队完成了三个主要项目，均提前完成并超出预期目标。特别是××项目，客户满意度提升了20%，直接为公司带来了50万元的额外收入。"通过数据和具体成果展示你的价值，上司更容易认可你的贡献。

再如，你需要向公司高层提案新项目，不是详细地讲述每一个小细节，而是精简你的提案，直指核心："根据初步市场调研显示，客户对这项新产品非常感兴趣。新产品预计在未来6个月内可以将我们的市场份额提高15%。为此，我们制订了一个详细的执行计划。"这种简洁而有力的表达方式可以让高层迅速抓住重点，理解项目的价值，从而更容易得到他们的支持。

因此，掌握和运用具有说服力的好口才，是职场中不可或缺的重要技能。它不仅能够帮助你清晰、有效地传达自己的想法，还能在团队中建立信任，促进合作，助力你未来的发展。

### 三、讲感动人的话

作家林清玄在读高中时，因顽皮被学校频频记过，甚至受到留校察看的处罚，让很多老师对他失望透顶，认为他无法挽救。然而，国文老师王雨苍却看到了他的潜力，用一番真诚的话语点燃了他的希望："我教了50年书，一眼就看出你是个能成大器的学生。"这句话成为林清玄人生的转折点，激励他发奋图强，最终成为一位杰出的作家。

王雨苍老师的话显示出他对林清玄潜力的坚定信念和认同感。这种认同不仅来自对学生才能的洞察，也表达了对学生未来潜力的信任。这种信任可以激励学生自我肯定和努力奋斗，成为其改变人生的力量。

好的口才，其核心在于触动人心。说话者需要表达真实的情感，而不是假装或者虚伪的情感。这就要求讲话者找准听者的情感共鸣点，使听者产生共情和认同感。通过理解和回应听者的情感，讲话者能够与他们建立更深层次的情感联系。

在日常生活中，如何用言语打动人心呢？只需记住三个字："共、示、赋。"共，是共情，意味着你要能够体会对方的情绪；示，是示弱，表示你要让对方知道，你也是有缺点和不足的；赋，是赋能，指的是你能够帮助别人变得更强大。 这三字原则，能帮助我们在交流中建立信任，激发他人，同时也提升自己。通过这样的沟通方式，我们的话语将更具影响力和感染力。

在工作场合，如果一个平时与你关系不错的同事突然对你说："工作太累了，真不想上班。"这时，一个高情商的回答可以是："是啊，上班确实挺辛苦。我有时也会有这种感觉。要不今天下班后我们去喝杯咖啡、逛逛街，放松一下？明天又是精神百倍的一天。"这个回答体现了共情，你表达了对同事感受的理解；示弱，你承认自己也有类似的疲惫时刻；赋能，你提出了具体的放松建议，帮助对方缓解压力。这样的对话不仅让对方感到被理解和支持，还能有效缓解他们的疲惫和烦躁。

所以，感动人心的话语不需要花言巧语，关键在于能站在对方的立场，真诚地体会和理解对方的感受，肯定对方的想法，并给予积极的反馈。就好比在对方口渴时，你适时地递上一瓶水一样，简单却充满关怀。

掌握了以上几个好口才的要素以后，最后我再给大家分享几个有效的练习方法：

（1）广泛阅读。平时多阅读各种类型的书籍，如文学作品、新闻报道、演讲稿等，可以丰富你的语言储备，增强你的表达能力。

（2）把握表达机会。把握每一个说话的机会，无论是与朋友交流还是参加社交活动，都要主动练习表达自己的观点和想法。

（3）录音练习，复盘改进。用手机或录音设备录下自己的讲话，然后回听，找出不足之处进行改进。这有助于提升语音、语调和语言的逻辑性。

（4）关注倾听。好的口才不仅是会说，还包括会听。认真倾听对方的讲话，理解对方的观点，并做出有针对性的回应，这样能使交流更加有效。

（5）培育自信。自信是口才的基石。通过不断练习和自我肯定，建立起自己的自信心。相信自己能表达得很好，这样在讲话时才会更加从容。

（6）投入真情实感。在讲话时投入真情实感，可以使你的语言更具感染力。练习时，不妨尝试用不同的情感语调去表达同一个内容，体会不同的效果。

（7）注意非语言表达。除了语言本身，肢体语言、面部表情、眼神交流等非语言表达也是口才的重要组成部分。注意练习这些方面，可以使你的表达更生动。

（8）寻求反馈。主动向他人寻求反馈，听取他们的建议和意见，并及时改进。这有助于你不断提升自己的口才水平。

通过这些方法，你可以逐步提升自己的口才，使其在各种场合中都能发挥出更大的作用。

## 不要吝啬你的赞美

所有人都渴望被肯定、被认可、被赞美。心理学家威利·詹姆斯说过："在人类天性中，最深层的本质是渴望得到别人的重视。"然而，在纷繁复杂的现实生活里，人们往往对赞美之词过于吝啬，或者特别羞于将赞美之词说出口。

赞美，这一简单而又微妙的行为，实则蕴含着深刻的人际智慧。空洞的称赞，如"你真棒""你很牛"，往往显得过于肤浅，缺乏真情实感。然而，当你以真诚的心去发现并赞美他人的独特之处时，就像是在他们的生活中点燃了一束希望之光。这束光芒不仅照亮了他人，同样温暖了你的内心，唤起你对美好品质的向往，激励着你去追求更高的境界。

真诚的、有智慧的赞美能够滋养人的自尊心、荣誉感，让人感到愉悦和鼓舞。同时，也能拉近心与心的距离，为人与人之间的沟通和合作铺平道路。一个善于赞美他人、善于发现他人闪光点的人，往往拥有宽广的胸襟和和谐的人际关系。

接下来，通过一则幽默故事，让大家初窥一下赞美的魅力：

有甲乙两个猎人，各猎得两只野兔回家。甲的妻子看到丈夫打回的野兔冷冷地说："才打两只？"甲心中不悦，反驳说："你以为很容易打吗？"第二天他故意空手回来，好让妻子知道打野兔并不是轻而易举的事。而乙的妻子看到兔子则高兴地对乙说："你竟打回了两只，真了不起！"第二天，乙打回了四只。

由此可见，赞美，这一精妙的交流方式，蕴含着改变人心的神奇能力。适时而恰当的赞赏能够轻柔地缓和紧张局势，弥合分歧，加深相互理解，并有利于双方的沟通。接受赞美的瞬间，我们所感受到的不仅仅是言语的温情，更是一份被认可与重视的珍贵体验。这里，让我们分享一则富有深意的小故事：

一个小女孩，因为掌握不住颤音而被老师排除在合唱团之外。小女孩躲在公园里伤心地流泪。她想：我为什么不能去唱歌呢？想着想着，小女孩就低声唱起来。"唱得真好！"这时传来说话的声音，"谢谢你，小姑娘，你让我度过了一个愉快的下午。"小姑娘惊呆了！说话的是一个满头白发的老人，他说完后站起来独自走了。小女孩第二天再去时，那老人还坐在原来的位置上，小女孩于是又唱起来，老人聚精会神地听着，一副陶醉其中的表情，就这样，过了许多年，小女孩也成了有名的歌星！

她忘不了公园靠椅上那慈祥的老人。一天，她特意去公园找老人，但那儿只剩下了一张孤独的长长的靠椅。知情人告诉她："老人死了，他聋了二十年了。"姑娘惊呆了。那个天天聚精会神听一个小女孩唱歌并热情赞扬她的老人竟是个聋人！

这个小女孩得到了赞美，满足自己被认可的需要，成就了自己的事业。想想如果当时，没有这个美丽的"误会"，小女孩可能就是另一种命运。

通过两则故事，不难发现：赞美，作为生活与工作中的一项重要技能，若运用得当，能够事半功倍，极大提升人际互动的效果。然而，若使用不当，却可能适得其反，损害个人形象。因此，掌握自然而真诚的赞美方法至关重要。

赞美并不难，甚至还有现成的公式可以用：

我看见 / 我听见　　　你是一个……的人

　　　　　　　　　　+

（描述具体内容）　　　　（形容词）

　　这个公式看起来复杂，其实很简单。首先观察并关注对方的行为、特质中的具体细节，并确保自己赞美的语言是发自内心的，避免过度夸大或不切实际。选择合适的时机进行赞美，避免过于频繁，以免显得不真诚。根据个人特点和情境调整赞美的方式和内容，鼓励对方继续保持和发展其优点。

　　掌握这一公式，你的赞美将更加自然、真诚，从而能够有效地增强人际关系，提升他人对你的好感。

　　如何把赞美说到对方的心坎里呢？这也是有学问的，我们可以从人的内心对被肯定的需求进行分析，确保每一次赞美都能发挥出最大的作用：

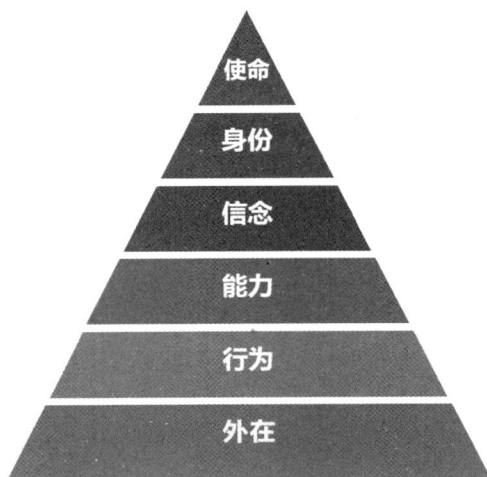

**赞美使命**：强调个人对社会或集体的贡献。例如："你不仅是教育的使者，更是爱与智慧的传播者，你的每一分努力都在点亮未来的希望。"

**赞美身份**：确认个人在特定角色中的积极形象。例如："作为一个孝顺的女儿，你的细心和关爱让家庭充满了温暖，你是我们心中的榜样。"

**赞美信念**：肯定个人坚持的价值观和生活态度。例如："你的信念让我们相信，坚持和专注是通往成功的必经之路，你的正能量影响着我们每一个人。"

**赞美能力**：认可个人的专业技能和才智。例如："你的文学才华令人钦佩，你的文字不仅优美，还充满了深刻的见解，你的知识转化能力让我们所有人都受益匪浅。"

**赞美行为**：针对个人的特定行为给予正面反馈。例如："你总是以温和的语气与人沟通，你的每一句话都让人感到安心和宁静，你的正直和坚定为我们树立了榜样。"

**赞美外在**：赞赏个人的外在特质和魅力。例如："你的笑容如同阳光般灿烂，你的活力和热情感染着周围的每一个人，你的亲切和魅力让每个人都感到舒适和愉快。"

从以上角度，精准的赞美，会让对方感受到被深刻理解和重视。除此之外，我们再掌握一些夸奖的技巧，会使赞美更加有力量。

## 1. 直言夸奖法

直言夸奖法是一种直接而坦诚的赞美方式，用直接、明确的语言来表达对个人或团队的特定行为、成就或特质表示赞赏。

### 2. 间接夸奖法

间接夸奖法是一种巧妙且有效的表达赞赏的方式，通过第三方的口吻或者行为来表达对别人的赞赏。你可以引用他人对被夸奖者的评价来表达你的赞赏。例如："我听到我们的项目经理多次提到你的工作效率和团队合作精神，今天一见，果然名不虚传。"

### 3. 意外夸奖法

意外夸奖法是一种在非正式或非预期情境中给予的赞美，在别人意想不到的时候给予夸奖，让他们感到自己受到了关注和重视。选择在对方不期待被赞美的时刻进行夸奖，例如在电梯里偶遇同事，你可以说："我昨天听说你的演讲非常成功，真是让人惊喜！"

### 4. 肯定夸奖法

肯定夸奖法是一种以真诚为基础，强调对方优点和特质的赞美方式，这种方法的核心在于认可和强调个人的内在价值和独特性，而不仅仅是外在表现或成就。通过具体的事例来支持你的赞美，这样可以增加赞美的可信度。例如："记得那次紧急会议，你迅速整理了资料并提出了解决方案，你的应变能力真是让人印象深刻。"

只有真诚的赞美，才能打动人心。适度的赞美被视为人际交往中的润滑剂，能够帮助人们拉近彼此距离、增进友谊，并且更受欢迎。

## 不是"社交无用"，是你没有用

某个论坛上，有人提出了一个深刻的问题："如何判断你有多少真正的朋友？"点赞最多的回答简洁而直击人心："落魄一次就知道。"短短的一句话，不知牵动了多少人的心。在现代社会，社交网络让我们看似拥有很多朋友。每次发朋友圈，几十上百个点赞和评论让我们感觉自己备受关注，拥有广泛的人脉。然而，这种繁荣的表象背后，却隐藏着一个冷酷的现实：这些人只是你的风景，真正的朋友并不多。

人的一生中难免会遇到低谷期。正是在这些时刻，我们才能看清谁是真正的朋友。那些平时看似亲密的朋友，很可能在你最需要帮助的时候选择默默离开。或许他们不愿意卷入你的困境，或许他们觉得与你的关系对他们不再有利。无论原因是什么，落魄一次，你会发现，真正愿意留下来陪伴你、帮助你的朋友，少之又少。

这也反映了一个现象：人与人之间的关系大多是建立在价值基础之上。当你拥有一定的社会地位、财富或能力时，自然会吸引很多人围绕在你身边。他们会享受与你交往带来的好处，比如社交资源、职业机会或者纯粹的虚荣心满足。然而，一旦你失去了这些外在的价值，这些所谓的朋友可能会迅速离开。真正的实力才是人际关系中的通行证，它不仅决定了你在社交圈中的地位，也决定了谁愿意在你最需要的时候伸出援手。

社交的本质是价值交换，它类似于自然界中动物之间的共生关系。在海洋中，体型较小的向导鱼与体型庞大的鲨鱼之间的共生关系就展示了典型的"价值互换"。向导鱼通过提供特定的服务——帮助鲨鱼清理口腔中的残渣和寄生虫，减轻鲨鱼捕食后的痛苦——来获得鲨鱼的保护。而人与人之间的交往也一样，双方都需要为对方提供某种价值。这种价值可以是物质上的，也可以是精神上的，比如知识、经验、情感支持等。如果一个人没有实力，无法给他人提供价值，那么他在社交圈中将难以获得认同和尊重。人们往往会与自己层次相当的人交往，因为这样的互动能够带来平等的交流和共同的成长。你的实力决定了你的社交圈层，你的层次越高，你交往的圈子也越高端。这不仅意味着你能接触到更多优秀的人，也意味着你能参与到更高层次的交流和合作。

因此，如果你想建立一个高质量的人脉网络，你自己首先需要变得优秀。实力和价值是社交中不可或缺的通行证，它们决定了你在人际关系中的地位和影响力。

## 一、自我提升是有用社交的关键

在社交中，个人的价值和能力是吸引他人、建立联系的基石。社交的有效性很大程度上取决于自身的价值。如果你自身没有足够的专业能力和独特的价值，即使认识再多的人也难以产生实质性的帮助。只有不断提升自己，增加自身的价值，才能在社交中获得真正的收益。

以下是一些自我提升的方法，有助于提高社交的质量和效果：

持续学习。不断充实自己的知识库，无论是通过阅读、上课还是在线课程，保持好奇心和学习欲望。每年，我都会选择适合当前阶段的老师进行学习，这不仅让我的知识视野不断扩展，也让我结识了许多志同道合的朋友。

塑造专业技能。在自己的专业领域内深耕细作，提升专业技能和知识，成为该领域的专家或意见领袖。当你在自己的领域不断取得进步，自然会吸引到同行业的专业人士。通过与他们的交流和合作，你们可以相互学习、共同成长，形成一种积极的互动和支持。这样的专业社群不仅能够推动个人发展，也会为整个行业带来正面的影响。

提升沟通能力。锻炼有效的沟通技巧，包括倾听、表达和说服，这些都是社交中不可或缺的能力。

提高情绪智力。学会理解和管理自己的情绪，同时能够识别和影响他人的情绪。

有一次，我开车不小心剐蹭了旁边的车，我下车后，面带微笑，情绪稳定地向对方表示了歉意，并询问如何妥善解决问题。这种平和的沟通方式立刻赢得了对方的尊敬，他称我是他遇到过的第一个在这种情况下还能保持冷静和微笑的人。接下来，我们的对话超出了车辆理赔的范畴，聊起了彼此的职业，后来我们经常联系，成了好朋友。这个经历让我深刻体会到，提高情绪智力，即使在不愉快的事件中，也能转化为结识新朋友的机会。如果我当时情绪暴躁，那结果可能完全不同。

持续向外社交。积极参加行业会议、研讨会和其他社交活动，拓展人脉网络，与行业内的专业人士建立联系。

参与社会服务。投身社会服务，无论是志愿服务还是慈善活动，都是一次向他人伸出援手的善举，展现个人价值观和社会责任的机会。同时也培养自己的慈悲和善良之心，吸引更多志同道合的人，一起为社会贡献一分力量。

保持健康生活。保持健康的生活方式，包括均衡饮食、规律运动和充足睡眠。一个健康的身体是实现个人目标的基础。以我为例，我每周都会运动：每周三次五千米慢跑或普拉提。在保持身体健康的同时，也结识了许多有共同爱好的朋友。

通过这些方法，你可以提升自己的内在价值和社会影响力，从而在社交中建立更有用、更高质量的链接。记住，自我提升是一个持续的过程，需要耐心和恒心。

## 二、有效的人际交往不在于数量，而在于质量

在社交中，有效的人际交往不在于认识很多人，而在于能够建立深度和有意义的关系。建立高质量的人际关系需要时间和精力的投入，要求注重深度交流而非表面交情。深度交流意味着在交流中关注对方的需求、情感和价值观，建立互相理解和信任的关系。在职场中，深度交流可以帮助建立更紧密的合作伙伴关系。比如，一个员工与上司建立了深厚的信任基础，这不仅有助于员工在工作中得到更多的支持和机会，上司也能更好地挖掘和发挥员工的潜力。在个人生活中，拥有几个真正理解和支持你的朋友，比拥有很多只在社交场合见面的朋友更有价值。这些深厚的友谊能够在关键时刻提供情感支持和实际帮助。

此外，高质量的人际关系还体现在相互支持和资源共享方面，它基于互相的价值交换和共同成长，而不是单方面的索取或付出。比如，当两个创业者之间的关系是基于相互支持和资源共享，他们就可以共同面对创业中的挑战，分享各自的资源和经验，从而增加成功的机会。

总之，建立和维护高质量的人际关系，需要我们投入真心和努力，关注深度交流、相互支持、共同成长。这样的关系，无论是在职场还是在个人生活中，都是无价的财富。

### 三、融不进去的圈子，就别硬挤

物以类聚，人以群分。在社交和人生选择中，我们一定要有自知之明，首先要看清自己的能力和现状，而不是盲目追求不属于自己的圈子，否则只会给自己和他人带来不便和压力。

福楼拜的《包法利夫人》就是一个典型的挤圈失败案例。书中的主角艾玛渴望进入巴黎贵族的圈子，却始终无法逃脱自己作为穷裁缝的女儿和嫁给平庸农村医生的现实。她不甘心自己的命运，为了挤进巴黎贵族圈，她去参加伯爵的宴会，结果一番折腾后狼狈归来。她试图通过搭讪乡绅和包养巴黎大学生来提升自己的地位，但每次都失败，最终被抛弃，身心俱疲。

艾玛的经历说明了一个重要的道理：圈子讲究的是身份和价值。如果你不具备足够的分量，无论你怎么努力，都无法真正融入其中，反而浪费了你的精力，打击了你的自信。所以，挤不进的圈子，不必强融，与其盲目追求不属于自己的圈子，不如专注提升自己的实力和价值，让自己变得更加优秀，这样至少活得更自我、更快乐。

融不进去的圈子就别硬挤，找到属于自己的道路，走出自己的精彩人生，才是最明智的选择。

# 沟通不是争对错，而是为了达成共识

在私塾班的课堂上，经常有人问我："沟通时怎么说话才能不陷入争执，不破坏关系呢？"这时候，我一般会告诉他："当你与他人沟通时，如果总想着去论证'自己是对的，对方是错的'，那么这种聚焦并坚持对错好坏的沟通方式，本身就是对人对己的伤害或暴力。"

日常沟通中，没有绝对的对错，很多所谓的"对错"并不是事情的本质，只是基于不同需求、角度、标准和理念的解读。真正的沟通，是去了解对方的想法、愿望和需求，而不是急于表达自己；是全神贯注地从对方的角度倾听和感受，理解他为什么这样想、说和做，并给予他理解和温暖，而不是伺机反驳；沟通是为了达成共识，增进彼此的和谐与亲密，而不是为了证明谁对谁错。

在与人交流时，我们应该控制自己想要指正别人的冲动，哪怕我们的出发点是善意的。有时候，别人可能已经知道自己的不足，如果我们硬要去指出，可能会引起对方的不悦。有效沟通的关键在于理解、尊重和温暖，而不是争辩。通过这种方式，我们可以避免不必要的争执，建立和维护更和谐的人际关系。

## 一、和立场不同的人争对错，是一种无谓的消耗

一位老教授和他的学生一同去市场买鱼。经过一番挑选，他们选中了一条刺少的清江鱼。鱼贩嘲笑教授，称这种鱼不够新鲜，建议为他们选一条更鲜美的。老教授却笑着拒绝了他的建议。

鱼贩讽刺道："读书人就是读书人，只懂书本上的知识，挑选鱼还是得看我。"这时，学生无法忍受，与鱼贩展开了争执。教授意识到情况不对，赶紧把学生拉离了现场。

学生不甘心地问道："那位鱼贩太不讲理了，您怎么不生气呢？"

老教授平静地回答："他是鱼贩，对鱼的新鲜程度很懂，但他不了解哪种鱼更适合我，现在年岁大了，我喜欢刺少的。"

教授继续解释说，由于双方的身份和立场不同，彼此对于选鱼的标准自然也不同。在这种情况下，继续争论只是徒劳。

争论往往源于价值观、经验或知识的差异。尽管每个人都有自己的视角，但理解和尊重对方，认识到差异并不对立，是建立更好的人际关系和解决分歧的关键。

正如老子所言："大辩若讷。"真正擅长辩论的人常常表现得沉默寡言。这是因为他们懂得收敛锋芒，在无关紧要的事情上不会浪费过多精力。高层次的思考不是通过争论来实现的，而是由阅读、遇见的人和经历塑造的。

所谓"井蛙不可语于海者，拘于虚也"。我们的世界观受个人经历限制，很难仅通过一场争论改变。因此，学会"闭嘴"，不在不必要的争辩上浪费口舌，可以避免许多烦恼，维护和谐的人际关系。

## 二、与亲近的人争对错，赢了道理，输了感情

杨绛与钱钟书曾因一个法文发音问题而争执不下，杨绛嘲笑钱钟书的发音带有浓厚的乡音，而钱钟书则认为杨绛自以为是。最终，他们请来一位法

国人做公断，结果证明杨绛是正确的，钱钟书错了。

然而，杨绛回忆起这件事时却说："我虽然赢了，却觉得无趣，很不开心。"她意识到，有时候在亲近的人之间，赢了道理却输了感情并非明智之举。

有些事情并不是真的要争出个对错来，特别是当这些事情并不重要时。如果为了证明自己的正确性而让亲近的人感到不愉快，那么赢了也没有任何意义，甚至有可能得不偿失。

俗话说，"难得糊涂"。在一些无关紧要的事情上，"糊涂"一点，反而能够保持关系的和谐。有时候，对方也许意识到自己错了，但碍于面子或其他原因不愿承认，这时不如给对方一些空间和尊重，也许会让他们更容易反省和改正错误。

因此，在沟通中，不拘泥于对错，而是相互宽容和理解，可能更有助于维护亲密的关系。这是一种智慧，也是一种对情感的珍视。

### 三、求同是一种追求，存异是一种智慧

清末时期，梁启超积极推动维新运动，吸引了许多维新派人士经常上门拜访。然而，他的父亲梁宝瑛是一位传统文人，不但对儿子的维新理念不感兴趣，并且对维新人士的行为也十分反感。尽管梁启超曾多次与父亲争论，但双方谁也说服不了谁。

最终，梁启超决定不再争辩，而是单独给父亲开了一个院子。梁启超在自己的一方谈论维新，父亲在另一方讲古书。两人各自坚持自己的观点，却互不干扰，一家人反而变得其乐融融。

沟通中的求同存异是一种智慧。求同是一种追求，是人与人之间建立连接的基础，无论是在家庭、朋友还是工作关系中，找到共同的兴趣、目标或价值观，可以增强彼此的理解和支持。存异则考验一个人的智慧。面对意见和立场不同时，尊重对方的观点并保持自己的立场，而不是试图强行改变对方，是一种高层次的智慧。梁启超和他的父亲正是通过这种方式维持了和谐的家庭关系。

在沟通中，如何才能做到求同存异呢？

（1）理解并接受他人的不同观点和立场，不轻易批评或否定他人的观点和立场。

（2）认真倾听对方的意见和想法，避免争吵或辩论，尽量理解对方的出发点。

（3）寻找共同点。在大局上找到共同的目标或利益，避免在细节上纠缠不休。

（4）给予对方独立的空间。像梁启超一样，让每个人都有表达自己观点的自由。

（5）保持宽容和理解的态度，意识到每个人都有自己的思维和行为方式，不必强求一致。

通过这些方法，我们可以在沟通中既保持自我，又能尊重他人，从而建立更和谐的关系。

#### 四、常说"我们"而不是"我"，是一种有效的沟通策略

在沟通中，人们频繁使用"我"，希望对方能关注自己的需求和感受。然而，频繁使用"我"，很容易让人觉得你过于以自我为中心，忽视了对方的感受。

相比之下，使用"我们"则可以展示出你关注双方的利益和平等对待，可以让对方感觉到你在乎他的感受，这种双向的关注和关心有助于建立更强的关系纽带，让彼此在交流中感到更加舒适和被尊重。使用"我们"的表达方式可以使沟通更加顺畅，减少误解和冲突。对方会更容易理解你的意图，并感受到你的诚意，从而更乐于接受你的意见和建议。当你使用"我们"时，对方会感觉到你们在共同努力，这有助于形成积极的互动氛围。比如，"我们一起完成这个任务"比"我需要你完成这个任务"更能激发对方的主动性和合作意愿。"我们"让对方感到你们在同一条船上，共同面对挑战和问题。

此外，通过使用"我们"，可以有效地拉近与他人的心理距离，增进友谊和信任。这种沟通方式能让对方感到被接纳和重视，从而建立更深厚的友谊和信任基础。简而言之，将"我"转变为"我们"，是一种有效的沟通策略，能够促进理解和合作，增强人际关系。

# 开玩笑要注意分寸，否则自己成为玩笑

在我们的日常生活中，开玩笑是一种常见的交流方式，更是一门细腻的说话艺术。它在社交互动中充当调节气氛的角色，是情感表达和人际关系建立的纽带。开玩笑有助于活跃气氛，增进友谊和加深情感，表达个性和展示魅力，还能促进团队合作和创造力的释放。然而，开玩笑若失了分寸，便可能会变成伤害感情、破坏和谐的"双刃剑"。

分寸感，是人际交往中的艺术，它体现了尊重与自制，是成熟的社交智慧。无论你的表达技巧有多高超，你的说话方式多么得体，分寸感始终是至关重要的。分寸感不仅仅是控制言辞的精准度和适时性，更是在沟通中避免冲突和失误的关键。

一旦失去分寸感，即使你的出发点是好的，也可能导致沟通失败，甚至引发社交上的严重问题。过激的言辞或不当的表达方式，往往会伤害他人的情感，引发误解或争端，使得原本简单的问题变得复杂、难以解决。

开玩笑更是如此，一定要注意分寸，否则不仅会冒犯他人、破坏关系，还可能使自己成为众人眼中的笑柄，得不偿失。

那么，如何把握玩笑的分寸呢？这需要我们细心观察、用心体会，不断学习和实践，让玩笑成为沟通的桥梁，而非障碍。

## 一、开玩笑要分清场合

在不同的场合下，人们对玩笑的接受程度各不相同。

在会议、商务活动等正式场合，人们通常更注重严肃和庄重。在这种场合，开玩笑可能会被视为不尊重，甚至可能影响到个人或公司的形象。在这些环境中，我们应当谨慎选择言辞，避免使用可能被误解的幽默。

在聚会或休闲聊天等轻松的非正式场合，气氛往往更加自由和愉快。在这样的环境中，适度的玩笑不仅能够增添乐趣，还能帮助人们放松，促进彼此之间的亲近感。通过幽默的交流，人们可以更自然地打开心扉，建立更紧密的联系。重要的是要确保玩笑的内容和方式都符合场合的氛围，避免冒犯他人。

在那些既不完全正式也不完全非正式的场合，比如公司聚餐、团队建设活动等。这些场合提供了一个展示个性和轻松交流的机会，适度的玩笑可以增添活力，促进团队精神。假设你和同事们在公司组织的户外烧烤活动中，气氛轻松愉快。你注意到一位同事最近换了一个新发型，你可以开玩笑说："嘿，张 X，你的新发型真是太酷了，是不是最近有什么特别的约会？还是你只是想在烧烤烟雾中更显眼一些？"这样的玩笑不仅能够活跃气氛，还能巧妙地展示团队成员的多样性和潜力。关键在于把握玩笑的分寸，确保它既能引发共鸣，又不会引起误解或不适。通过这样的幽默，可以增强团队的凝聚力，同时保持专业的形象。

## 二、关系再好，也不能无所顾忌地开玩笑

你有没有发现一个有趣的现象：很多人对陌生人总是谦虚有礼，但在熟人面前却肆无忌惮，开起玩笑来没有分寸？其实，关系越好，越应该懂得体贴和尊重对方，照顾对方的感受。

《红楼梦》中的薛宝钗就是一个例子。她性格温和，但贾宝玉的一句玩笑话也曾让她很生气。

有一次，宝玉问宝钗："姐姐怎么不看戏去？"

宝钗答道："我怕热，看了两出，热得很。"

宝玉随口笑道："怪不得他们拿姐姐比杨妃，原来也体丰怯热。"

宝钗听了，当下大怒。要知道，清代是以瘦为美，宝玉调侃宝钗像杨贵妃，不就暗指她体型丰腴吗？更何况，宝钗当初进京是为了选秀，未被选上更是她的痛处。宝玉的玩笑触及了她的敏感点，使她更加不快。

在人际交往中，我们往往对陌生人保持礼貌，因为不了解对方，不想无意中冒犯。而对熟人，我们常常容易放松警惕，忽视了对方的感受，认为关系好就可以无所顾忌。实际上，越是亲近的人，我们越应该时刻注意自己的言行，避免因一句无心之言而伤害对方。懂得换位思考，理解对方的敏感点，才能维护和谐的关系。我们应该时刻注意自己的言行，用尊重和体贴去呵护每一段珍贵的关系。

### 三、不要拿别人的隐私开玩笑

每个人都有自己的隐私，不愿意在公众面前暴露。真正会与人交流的人，即使与对方关系再好，也不会将别人的隐私公之于众，更不会把它作为玩笑来调侃。这样做只会让当事人感到羞辱和愤怒，更可能伤害到他人的自尊。

某饭店老板和妻子结婚两个月就生下了一个小孩，亲戚朋友、街坊邻居都前来祝贺。老板的一位要好的朋友李乔也来了，并送了一份礼物——纸和铅笔。老板感谢了他，并问道："你给这么小的孩子送纸和笔，不会太早了吗？"李乔回答说："你这小孩儿太性急了。本该八个月后才出生，可他偏偏现在就急着出来了。我想，再过五个月，他肯定就能上学，所以我提前准备了纸和笔。"李乔的话引起全场大笑，让饭店老板夫妻感到无地自容。从此，饭店老板总是有意无意地躲着李乔。

尊重他人并保守秘密是对他人基本的尊重和礼貌。如果无意中得知了别人的隐私，也应该保持沉默，给对方足够的尊重和空间。当你不经思考地传播或谈论他人的隐私，哪怕是以玩笑的形式说出来时，你就已经失去了他人的信任，也断送了一段关系。

### 四、开玩笑的内容要文雅

开玩笑是一门艺术，内容的选择至关重要。我们应该谨慎选择玩笑内容，以确保它既有趣又不会冒犯他人。积极、健康的内容可以使笑声更加阳光和愉悦，因为这些笑话不仅能够引人发笑，还能带来愉悦感。此外，文雅的笑话能够展现出幽默感和智慧，展示出讲笑话者的修养和对他人情感的细腻感知。相反，低俗或庸俗的笑话往往会让人感到尴尬和不适，可能触及敏感话题或使用粗俗语言，容易造成误解或者伤害他人的情感。因此，避免使用这些内容是十分重要的，特别是在不熟悉的社交场合或与不熟悉的人交往时。总之，玩笑是一种沟通的艺术，它需要我们用心挑选内容，用智慧和敏感去营造一个既轻松又尊重的交流环境。

## 五、频繁地开玩笑可能使你形象受损

开玩笑虽然可以活跃气氛，但是频繁地开玩笑也会让人感到厌烦，并对你的个人形象造成负面影响。

首先，频繁地开玩笑可能会使人觉得你不够成熟或不懂得适当的社交边界。有些玩笑可能涉及敏感话题或者冒犯他人的信仰、价值观等，过度使用这些玩笑可能会引起争议或矛盾，损害与他人的良好关系。

其次，不当的玩笑有可能会伤害别人的感情或引起误解。基于不准确或不恰当的假设的玩笑，很容易引发误会或者伤害他人的情感。

最后，频繁的玩笑将影响你自身的信誉和形象。在职场或者其他正式场合，频繁开玩笑可能会让人觉得你不够专业或者不够职业，可能会影响你在团队中的角色和影响力，甚至影响个人职业发展的机会。

总之，开玩笑应以尊重他人为前提，把握好分寸和时机，这不仅是成熟和有教养的表现，也是维护良好人际关系和个人形象的关键。只有这样，幽默才能真正起到增进情感、缓和气氛的积极作用，而不是因言语失当而自损威信，成为别人的笑柄。

## 从不善言辞到侃侃而谈

我从小就不是一个健谈和善于表达的人，更别提有什么演讲的才能了。我的改变始于大学，那是我锻炼口才的第一步。在新东方的讲台上，我不仅传授知识，还提升了自己的表达能力。然而，成长的道路并不总是平坦的。

一次尴尬的失败成为我职业生涯中的一块磨砺之石：大学毕业后，我加入了一家刚起步的金融公司。老板非常看重我，给了我很多学习和成长的机会。记得有一次，我们团队完成了一个重要的项目，不仅本地电视台来采访，还有很多外地的媒体都来到公司参加我们的项目发布会。这是我第一次面对这么多的镜头和记者，心里既兴奋又紧张。虽然在大学里我已经多次上过讲台，自认为说话还算利索，但这次的情况完全不同。

在发布会上，我面对着一排排摄像机，感到前所未有的紧张和压力。我从未经历过如此大的场面，完全不适应。面对众多镜头，我感到极度恐慌，几乎丧失了言语能力。整个主持过程中，我试图保持镇定，用严肃的态度对待这次发布会，但结果却是灾难性的。发布会结束后，一些与我的老板有私交的媒体人士，私下里质疑我的主持能力，甚至直言不讳地批评我把发布会搞砸了。公司内部的同事们也对我的表现感到失望。虽然老板表面上以年轻、缺乏经验为由为我开脱，但我心里清楚，这次失败对我的打击是巨大的，当时我甚至希望自己能找个地缝钻进去，以逃避这难堪的局面。

不过，这次失败并没有击垮我，反而激发了我继续努力、提升自己的决心。在后来的工作中，我抓住每一个表达的机会，无论是主持项目决策会还是投资人会议。长期的历练使我的努力得到了回报。在公司的融资过程中，我进行了一次长达两小时的演讲，成功吸引投资人为公司融资 400 万元。这不仅是我在演讲和表达能力上的一个重要突破，也成为我职业生涯中的一个亮点。自此，我的工作和生活都因演讲而变得更加精彩：各地做线下公益演讲；在多个机构和平台做企业家培训；开设"未来私塾"。

回顾过往，我认为演讲其实很简单。在此，我想与大家分享几点关键经验：

### 1. 调动意愿

第一步是你愿意开始表达自己。

实际上，许多人不是不会演讲，而是心理上抗拒，缺乏意愿。所以，我们需要勇敢迈出第一步，去表达自己的想法和感受。如果我因为在演讲中遇到挫折就选择放弃甚至封闭自己，那么就不会有今天的我了。

当然，表达不局限于公开演讲，它还包括各种沟通形式，如一对一，一对多的私下交流或面对多人演讲。但是，无论什么形式的表达，关键在于我们要从内心深处产生表达的强烈意愿。

### 2. 克服紧张与恐惧

第二步就是勇敢地表达。

很多人演讲不佳，更多源于心理上的害怕和恐惧，害怕舞台、害怕面对多人讲话，甚至在餐桌上也不太愿意发表意见。许多人担心演讲会出丑，害怕他人对自己评头论足。我也曾如此，但后来学会了正确面对。

事实上，紧张分两个层次，第一个层次是害怕在公众面前讲话，第二个层次是对紧张本身的紧张。

我们首先来拆解第二层次，因为它是紧张的内核，也是没有必要的紧张。

你只有学会了克服紧张的紧张，才能克服紧张本身。那什么是紧张本身的紧张呢？简单来说，就是我们对紧张感本身的恐惧。大家可能都有过这样的经历，站在众人面前时，那种紧张感油然而生，这并不奇怪。因为在人类进化之初，这种反应就已经根深蒂固。想象一下，如果你是一只羊，被一群狼围在中间，所有的眼睛都盯着你，那会是一种什么样的感觉？必然感到极度危机和不安。这种紧张感，其实是一种本能，就像膝跳反射一样，当你的膝盖受到敲击时，腿会自动弹起；或者当有东西靠近你的眼睛时，你会不自觉地眨眼。这些都是身体自然的保护机制。

因此，紧张是一种自然的本能反应。我们无法完全控制它，就像无法控制膝跳反射一样。接受这一点，可以减轻因紧张而带来的额外焦虑。同时，适度的紧张可以激发我们的潜力，使我们表现得更出色。

即使是专业的主持人和演讲者，在每次登台前也会感到紧张。我每次上课前也会有紧张感，但关键在于学会如何控制它。尤其是面对新话题和新挑战时，紧张感会更加明显。但通过练习和准备，我们可以学会如何管理紧张感。

以著名主持人鲁豫为例，即使像她这样经验丰富的主持人，在面对不同的场合和观众时，也会感到紧张。这表明，无论演讲经验多么丰富，紧张都是不可避免的。但正是这种紧张感，提醒我们尊重每次演讲的机会，激励我们做到最好。理解这一点后，我们可以更自信地面对紧张，并将其转化为正能量，在演讲中更好地表达自己。像鲁豫这样的资深主持人之所以能在节目中显得从容，部分原因在于他们经过了大量训练，能够在熟悉的环境中控制紧张，甚至让观众察觉不到。然而，这种控制并不意味着他们永远不会感到紧张。

我们通常认为，可以通过深呼吸或其他放松技巧控制紧张，实际上效果有限。而有效控制紧张的关键在于，接受紧张的存在，理解它是我们自然反应的一部分，而不是试图完全消除它。为此，我们可以通过练习和准备来控制紧张，让它助力我们的表达和沟通。

（1）大量练习

一个老师如果每天都在同一群学生面前讲授相同的课程，他可能会感到越来越放松。但这种熟悉感并不能保证他在所有情况下都不紧张。例如，某天如果校领导或教委突然来听课，即使是经验丰富的老师也可能会紧张。这表明，紧张是一种自然反应，尤其是在面对不熟悉的人群或环境时。我们可以通过大量练习来提高自信和熟练度，但这并不能完全消除紧张。因此，我们必须明白，我们需要学会如何管理和控制紧张，而不是期望完全避免它。

（2）适应变化

当我们面对不同的听众或环境时，要学会适应这些变化，并调整我们的心态和策略。

（3）信任听众

在演讲过程中，把自己交给听众。不要过于敏感，总觉得别人有敌意。要学会相信听众的善良和包容，这样在演讲时才能与他们建立联系，产生共鸣。

（4）敢于试错

不要把一次成败看得过重。人生漫长，一次演讲只是一个小小的经历。不要觉得一次失败就决定了一生。把每次演讲当作生命中的一次彩排和试练，就算失败，也是学习和成长的机会。

（5）持续改进

通过不断地练习和学习，我们可以提高自己的演讲技巧，减少因技术不熟练而产生的紧张。

总之，紧张是一种内心的自然反应，我们可以通过练习和准备来控制它，而不是试图完全消除它。接受紧张的存在并学会管理它，可以更自信地面对各种演讲场合。

### 3. 内容的选择

演讲的关键在于选择恰当的内容。

演讲的时候我到底讲什么？这不仅是一个自我提问，也是向听众的发问。在演讲中，我们面临的选择是：是讲述自己内心的想法，还是传递听众期待听到的内容？相信每个人都会有不同的选择。

在我看来，演讲的内容要言之有物，或者说我讲的东西至少能让别人产生认同和共鸣，或者是对别人产生价值。所以，选择与听众息息相关的内容是演讲成功的关键。了解听众的需求，讲述能够引起共鸣的话题，将使你的演讲真正触及人心。对演讲的内容做好充分的准备，这将增强你对自己演讲的信心。充分的准备包括多次彩排，这有助于你熟悉演讲内容，减少紧张感。

（1）演讲的核心是满足听众的需求

如果你只想讲述自己的想法，你完全可以在私密的空间里，如厨房、卧室或浴室，独自发声。但演讲不同，它是公开表达，需要考虑场合和听众。我们不能只为了表达自我而忽视听众的感受。一些演讲者在结束时可能会说："我很高兴来到这里，因为我说出了自己想说的话。"但如果没有考虑到听众，这样的表达其实是没有意义的。

（2）演讲不是迎合，而是有效沟通

我们不应该成为仅仅说别人想听的话的人，而是在保持自己观点和立场的同时，考虑如何让听众接受我们的观点。这需要我们了解听众，并用适当的方式表达，让他们能够接受并感受到我们的观点。

（3）演讲的目的是影响和启发

无论是表扬、提供信息，还是带来欢笑，甚至是挑战现有认知，演讲都应该对听众有所帮助。只有这样，演讲的内容才能触及听众的心灵。

（4）理解听众，传递价值

演讲者需要理解听众的需求和偏好，以此为基础，传递有价值的观点。就像乔布斯在苹果发布会上的演讲一样，他的目的是让听众了解新产品的好处，激发他们的购买意愿。

（5）演讲的精髓在于传递有用的信息

我们应该避免不必要的自我贬低，专注于如何让每一句话都能为听众带来价值。

## 4. 真实是最有力量的，因为它超越了语言的局限

语言总是有其局限性，无法完全传达我们的思想和经历。历史上的地心说曾被人们广为接受，但随着哥白尼日心说的提出，我们的认知被彻底颠覆。然而，即便是日心说，随着科学的进步，我们发现它也不是绝对正确的。太阳系只是宇宙中的一小部分。

这就告诉我们，即便是权威，即便是诺贝尔奖得主，他们的观点也可能

不是绝对正确的。因此，在表达自己的观点时，我们不必过分强调正确性。正确与错误往往不是绝对的，而是相对的，它依赖于特定的情境和条件。在演讲中，我们更应该强调的是真实性。真实不仅能够增强我们的说服力，还能让我们的内心充满力量。当我们分享自己的真实感受和经历时，即使逻辑性不是那么严密，观众也能感受到我们的真诚，从而被我们打动。

所以，演讲高手们都懂得一个道理：讲真话，讲自己所做，做自己所讲。这样，无论我们的观点是否完美无缺，我们都能以真实的力量赢得尊重和信任。

### 5. 崩溃式疗法

崩溃式疗法就是放弃式疗法，是一种对待失败经验的极端心理治疗方法。其核心在于接受当前处境，认识到自己已达到生活的低谷。这种态度帮助人们放下对失败的恐惧，因为已经处于最低点，"再差也不过如此"。

崩溃式疗法鼓励我们在接受当前处境后重新尝试。这种态度使我们不再惧怕他人的不认同，因为"既然已经是最差的了，再不被认同又能如何"？这种无畏的态度反而能增强我们的自信，使我们更加坦然地表达自己。

赵本山的小品"中彩票"就生动地展示了崩溃式疗法的实际应用。主人公中了大奖，但突如其来的巨大财富，让整个人都崩溃了，在经历了一系列治疗无效后，他选择了"崩溃式疗法"，最后，终于接纳了中大奖这件事情。这不仅是一种幽默的表达，也是对生活智慧的一种提炼。它告诉我们，有时候，放下恐惧，接受现状，反而能找到解决问题的新途径。

### 6. 理性思考：接纳不完美的勇气

首先，我们要接受自己的不完美和失败。这是一种内心的强大，一种勇气的体现。我们要允许自己犯错，允许别人看到我们的缺陷，因为没有人是完美的。历史上，像王阳明这样的圣人屈指可数，我们大多数人是凡人，都有缺点。

如果我们总是害怕别人看到我们的缺点，总是在"装"，总是试图掩饰，我们就会活得很累。我们不敢表达自己，不敢去尝试，因为害怕犯错。但理性思考告诉我们，我们应该有勇气面对自己的不完美。

（1）承认自己的缺点，是一种力量

我们可以说："是的，我有缺点，我承认。"这样的态度，让我们更加真实，也让我们更加勇敢。

（2）允许别人对我们失望，也是一种力量

我们可以说："我允许我最尊敬的老师、我最爱的人对我失望。"这并不意味着我们不在乎他们的看法，而是我们理解，每个人都有自己的局限性，我们不能总是满足所有人的期望，我们应学会适时调整他人对我们的期望。

当我们的亲人或朋友说："我对你太失望了。"我们可以回应："我收到了，我会努力。但如果我已经尽力了，也许我们需要重新设定期望值。"通过这种理性的思考，我们学会了接纳自己的不完美，学会了勇敢地面对失败和失望。这不是放弃，而是一种成长，一种对生活更深层次的理解。

（3）面对挑战，态度是关键

当年在深圳的开年演讲中，我有幸从 60 多名竞争者中脱颖而出。为什么会是我？因为我的态度极其端正，我有着强烈的意愿去抓住这次机会。我每天投入数小时来修改演讲稿，尽管我的演讲时间只有 20 多分钟。当时我在长春创业，而我的导师在深圳。为了得到他的审核，我不断调整时间，无论他是否回复，我都坚持不懈，我想"求学"那就要有求学的态度。终于，我得到了他的回复，并请面对面的指导。无论何时，只要他有空，我都会毫不犹豫地从长春飞往深圳，哪怕导师只给我 30 分钟的指导，哪怕飞行时间长达 6 小时以上，我都十分愿意……最终我获得了在世界级音乐厅演讲的机会。

就在那场开年演讲中，我的演讲功底和整体表现也得到了大家的认可，但我要承认，可能我不是 60 多名竞争者中最优秀的，但回想这次的机会，其实是"态度"让我最终获胜，"有态度，才有未来"，也是我那次的演讲主题。

（4）我允许别人对我失望，但我更相信自我价值

我全力以赴，即使结果不尽如人意，我也能够接受。这是我们需要培养的一项能力：在全力以赴的同时，学会接受可能的失败。

## 7. 演讲技巧的应用

（1）演讲的准备

在准备演讲时，我们要思考：哪些内容对听众有用，哪些没有用？演讲内容是否合理？

仍以我在深圳参加的开年演讲为例。为了这次演讲，我提前一个多月开始准备，每天都进行大量的彩排。在彩排过程中，我特别关注两个方面：

A. 找出忘词的地方：在彩排时，要注意那些容易忘词的部分。这些地方往往是演讲稿逻辑上的断层，需要特别关注。

B. 逻辑连贯性：分析为什么在某些部分会忘词。如果是逻辑不连贯导致的，就需要调整内容，使逻辑更加清晰，帮助自己更好地记忆和表达。如果发现忘词是因为逻辑断层，可以通过两种方式解决：一是调整内容。即重新组织语言，使逻辑更加连贯，这样大脑更容易记住。二是刻意练习。即在忘词的地方进行大量重复练习，直到你能流畅地表达那部分内容。

除此之外，我们还要确保演讲内容贴切且言辞有力，并与听众产生共鸣。有时，我们可能会发现某些句子在说出口时显得无力，甚至可能引起争议或不适。当我们在彩排中遇到这样的情况时，应该怎么办呢？

首先，我们要将这些感觉不对或缺乏力量的句子标记出来。这些句子可能在我们自己听来都缺乏说服力，或者我们担心听众可能无法理解我们的意图。接下来，我们需要对这些句子进行合理的替换或修改。替换的目的是让这些句子更加有力、清晰，并且能够更好地传达我们的观点和信息。这个过程需要我们反复思考和尝试，直到找到最合适的表达方式。这个替换过程很重要，因为它不仅能提高演讲的质量，还能增强我们与听众之间的沟通效果。当我们的言辞更加精准和有力时，我们就能更有效地抓住听众的注意力，传递我们的想法。

（2）制作思维导图记忆比死记硬背更靠谱

制作思维导图来帮助记忆，远胜于单纯地背诵逐字稿。我发现，在辅导学生进行演讲时，避免过度依赖逐字稿是至关重要的。逐字稿可能导致过分关注每个词语和句子的准确性，使得在实际演讲中显得机械而缺乏情感投入。当试图背诵整个演讲稿时，思维可能会被束缚在稿子上，这将导致演讲者难以自然地表达情感，也难以与听众建立共鸣。演讲的魅力在于真诚和情感的传递，而不仅仅是文字的复述。

使用思维导图有助于把握演讲的主线和关键点，而不是死记硬背。这样，在演讲时你可以更自由地表达，并根据现场情况灵活调整你的表达方式。思维导图的另一个好处在于，它能够让你的大脑更清晰地组织信息，使你能够更连贯、更有逻辑地展开演讲。

（3）漂亮的开场等于演讲成功的一半

为何开场如此重要，尤其是前三分钟?

如果你的开场足够精彩，前三分钟顺利无阻，那么请放心，之前的一切准备和积累都将得到回报。一旦你在这三分钟内使自己镇定下来，你的后续表现将更加出色。因此,你在门口紧张准备的,正是这个至关重要的开场环节。

A. 精心准备，自信开场。在这关键的三分钟里，之前的一切努力都会得到呈现。无论是内容的熟悉度还是情绪的控制，都将影响你开场的流畅性。因此,充分利用开场前的准备时间,调整状态,以最佳姿态迎接接下来的挑战。

B. 开场顺利，整个演讲也将更加稳定。一旦你顺利度过开场的三分钟，你的内心将变得更加坚定，你的表达也会更加自如。这是一个良性循环：开场的成功赢得了你的信心，而信心又会让你的表现更加出色。

## 8. 演讲中需要避免的陷阱

### （1）控制表达欲望，避免无效的言辞

在演讲或其他表达场合，我们应该剔除那些对听众没有实际帮助的言辞。比如，开场时说"今天我没准备好"或"我有点紧张"，这类话语不仅对听众没有实际价值，反而可能削弱他们对你的第一印象。记住，简洁而有力的言辞更能吸引听众的注意力。

### （2）聚焦主题，保持逻辑清晰

在演讲过程中，离题是一个常见问题。我们的演讲应该紧紧围绕主题展开，确保每句话都紧扣中心思想。每次演讲无论内容有多少，都最多只讲三点。有人说，那不行呀，三点我可说不完，那么你就讲三个大点，每个大点下面再套三个小点，这样的方法，能让你在不脱离主线的情况下尽情发挥。

当你凡事，最多只说三点的时候，你的逻辑自然就会变得较好。同时，需要注意的是，演讲要避免冗余和不必要的细节，坚持"少即是多"的原则，使演讲内容紧凑而有力。

### （3）选择与听众相关的话题

了解你的受众是成功演讲的关键。你的演讲内容应与听众的需求和兴趣相契合。例如，如果你的听众是大学生，谈论养生保健可能不会引起他们的兴趣；如果听众是六七十岁的阿姨，探讨养生保健就相当合适。因此，明确你的演讲对象，并根据他们的特点选择合适的话题。

## 9. 演讲效果

演讲的效果是逐步加深的，从保持听众兴趣，到触动情感，再到激发行动，

最终塑造信念。每一步都是对演讲者能力的考验，也是对演讲内容深度的体现。一个好的演讲，能够在不同层次上影响听众，并给他们留下深刻的印象。

（1）基础层次：保持听众兴趣

演讲的首要目标是确保听众能够耐心听完你的分享。如果听众能持续关注你的演讲而不感到厌倦，这本身就是一个成功。这意味着你的表达方式和内容在一定程度上吸引了他们。

（2）情感层次：触动听众内心

演讲的第二个层次是能够触动听众的情感。如果听众在听完演讲后内心有所触动，甚至有所感悟，比如意识到"我要成为一个行所当行的人，我要允许别人对我有不同的看法"，那么这个触动就是演讲的宝贵成果。当然，并不要求每个点都引起共鸣，只要有一个点能够触动听众就足够了。

（3）行动层次：激发听众行动

更高阶的演讲效果是能够激发听众采取行动。比如，听众在听完演讲后，受到启发，决定改变自己，开始尝试新的事物，这种行动上的改变，是演讲影响力的直接体现。

（4）信仰层次：塑造听众信念

如果演讲的效果能够使听众将其作为自己的信念，那么这就是演讲的最高境界。这不仅是一次演讲，更是一次心灵的洗礼，能够深远地影响着听众的生活和价值观。

# 为什么我小心翼翼，却总不招人待见？

每个人都不可能脱离他人而单独存在，除去洗澡、如厕和一些绝对的个人空间，每个人一生的大部分时间里要和其他人共处。不论这个人是你的家人、朋友，还是你的同事、客户，或者素不相识的陌生人。

既然与人共处，就会涉及相处方式的问题。有的人在与他人相处的时候，谈笑风生、左右逢源，到哪儿都是"香饽饽"；而有的人则经常受人排挤、遭人白眼，到哪儿都不招人待见。之所以出现这种反差，是因为人际关系中不仅需要内心的坚守，还需要外在的灵活应对。

可能许多人在社交和职场中都有这样的困惑：为什么我小心翼翼却总是不被待见，而有些人左右逢源却受人欢迎？这其实反映了一个重要的心理状态和社交技巧，那就是如何做到"内方外圆"。

刚毕业的年轻人往往棱角分明，有自己的原则和底线，对一些不喜欢的人和事毫不掩饰。这种锋芒毕露的态度虽然真实，却容易引起周围人的排斥。我也曾经如此，年轻时因为坚持自我、不愿妥协而得罪了不少人。

疫情期间，公司业务停滞，我被迫参加了许多应酬。作为一个不喜欢应酬的人，这种推杯换盏让我感到虚伪和痛苦。我不想为了业务妥协，但现实逼迫我必须面对。

在困惑之际，我向自己的人生恩师求助，问他我该怎么办。

老师问我："以你的能力，你不去应酬也能活得很好，因为有很多好企业挖你。那你为什么还要坚持做教育，还要去应酬，成为自己最不喜欢的样子？"

我回答："因为我的团队和学生们还需要我。"

老师说："如果回到战争年代，日本鬼子要来屠城，你愿意为了 120 个团队伙伴牺牲自己吗？"

我毫不犹豫地回答："如果我的牺牲能换取大家的安全，我当然愿意。"

老师说："那你连死都不怕，喝点酒算什么？"

我的内心有所触动，但嘴上还是反驳道："老师，这不一样，死是一瞬间的事，但每次出去应酬是长时间的折磨，我真的很厌倦，接受不了。"

老师说："你知道古代铜钱的样子吗？内方外圆。让你出去喝酒，不是让你改变内在的方正，让你变得没有原则，而是让你内心依旧坚持你的梦想和正直，但外表要圆融一些，让别人和你相处时感到舒适，愿意给你机会。我没有让你变成内外都圆的人，而是内方外圆。这样你既能保持内心的美好，又能让企业和团队活下来，让老师们能够在教育行业继续深耕。你愿意吗？"

听了导师的话以后，我开始调整自己。在应酬中，我不再感到痛苦，而是学会在保持原则的同时，与人相处得更为融洽。我发现，这不仅帮助公司发展了业务，也提升了我的人际关系。

导师说得没错，"内方外圆"是一种智慧，它不仅能够帮助我们在职场中游刃有余，还能让我们在人际关系中如鱼得水。

所谓"内方外圆"，是指内心坚定、原则分明，但在外表和行为上灵活变通、圆滑处事。这种智慧能够帮助人们在复杂的人际关系中游刃有余。"内方"代表着坚守自己的价值观和原则，不因外界的压力和诱惑而轻易改变自己的立场。"外圆"则是指在与人相处时，懂得灵活应对、妥善处理矛盾，以和谐为重。

内心坚定的人不轻易受外界影响，他们有自己的判断和底线，不会因他人的意见而迷失方向。然而，他们在表达自己的观点时，却能够做到不尖锐、不激烈，以一种温和而坚定的方式呈现出来，让人既感受到他们的立场，又不会觉得被冒犯或压力太大。

在社交中，外圆则意味着善于倾听和理解他人的感受，适时地展现幽默感和同理心，避免过度严肃或紧张。圆滑处事并不是虚伪，而是为了减少摩擦，创造和谐的氛围。这种灵活变通的能力，可以让人在不同的环境和人群中都能找到自己的位置，既不失原则，又能与他人愉快相处。

要做到"内方外圆"，需要不断修炼自己的内心，培养自信和定力，同时学习如何与人沟通和互动，提升情商和社交技巧。这样，即便是小心翼翼的人，也能在保持自己本色的同时，赢得他人的尊重和喜爱，从而在社会中找到自己的立足之地。

## 第五章

**做好自我管理：你有多自律，就有多强大**

　　人最大的敌人不是别人，而是自己，一个人最大的胜利，一定是先战胜自己，这就是自我管理的意义。而自律是自我管理的核心，我们的每一个习惯的养成，每一项任务的完成，都离不开自律的支持。通过自律，我们逐渐掌控自己的时间和命运，不断突破自身的限制，迎接更高的挑战。正如亚里士多德所说，"所有的杰出，都是在自律中实现的"，你有多自律，就有多强大。

# 无压力，轻松养成好习惯

我发现，在我的同学以及同事中，大多有自己的好习惯，比如有的在坚持跑步、健身；有的在坚持记账、背单词，练习英语口语等，而这些习惯也确实帮助他们遇见了更好的自己。

我也经常对学生们说，人与人之间的不同其实不在于智商，很多时候相互之间的差距其实来自一些好的习惯。至少就我的经验来看，优秀的人最大的特质是养成了一系列的好习惯。

当然，还有很大一部分人在不断上演着习惯养成之失败篇，就是经常下决心要养成这样或那样的习惯，结果总是半途而废，最终宣告放弃。最常见的是，总有人说我今天觉得自己有点儿胖了，我这衣服好像穿不进去了，我发誓要好好减肥，我要穿衣显瘦。结果，每次美食当前，都经受不住诱惑，一次又一次地把减肥计划推后，直到最后，减肥这件事也就不了了之。毋庸置疑，这种大概率事件是非常典型的，就是你一直想改变，然后每受一次刺激就下定一次决心，但总是不断地半途而废，最后遗落了初心。

## 一、习惯是分等级的，21 天养成一个好习惯是错误的

很多人失败的原因在于没有区分好习惯的难度等级。习惯的养成，就像学习英语一样，需要从简单到复杂逐步晋升。如果你的英语水平在三楼，却尝试学习八楼的内容，自然学不会。这就像让小学生学习高等数学，只会打击他们的自信心。

习惯的培养也是如此，从基础开始，一步一步来。比如，小学生只能学习一楼和二楼的知识，不能直接学习八楼的内容。忽略习惯的等级，只追求高难度，往往适得其反。因此，设定合理的目标，从易到难，才能养成好习惯。

我们经常看到一些鸡汤式的口号，比如 21 天帮你养成一个好习惯。那么问题来了，21 天真的能够养成一个好习惯吗？我的答案是，这是一个错误的理论，不同的习惯需要不同的时间来建立。

一些简单的基础习惯，如用左手刷牙，可以在 21 天内养成。我相信绝大多数人平时是用右手刷牙的，你可以尝试换左手，大约 21 天内就能形成左手刷牙的新习惯。因为这类习惯不需要太多的心理和生理适应，所以比较容易建立。

但是一些涉及身体的中级习惯，如减肥、跑步、健身等，则需要更长的时间。一般来说，这类习惯需要 3 个月到 100 天才能稳固。这是因为，这些习惯不仅涉及行为改变，还涉及身体的适应和恢复。例如，减肥需要改变饮食和增加运动，这些都需要身体逐步适应和调整。如果你仅仅坚持了 21 天就放弃，很可能是因为身体和心理上还没有完全适应新习惯，因此容易反弹。

再有一些思维和情绪上的高阶习惯，如管理情绪、改变负面思维模式等，则往往需要更长时间，通常需要半年到一年的持续努力，有时候甚至更长。这类习惯改变不仅是行为上的，更涉及深层次的心理和情感调整。比如在管理情绪方面，如果你容易发脾气，那可能需要很长时间来学会平和处理情绪。因为这不仅需要自我控制，还需要反复练习和心理调整，可能需要半年到一年的时间。而在改变负面思维方面，经常性抱怨或恐惧也是一种思维习惯。改变这种思维模式需要进行持续的积极心理训练，可能需要更长时间才能完成。

所以，习惯的养成是一个逐步积累的过程，需要从低难度开始，逐步提升。设定合理目标，拆解成小步骤，持续努力并不断调整，才能养成好习惯。高手做事有逻辑、有计划，不轻易否定自己，因此要学会在习惯养成过程中应用这些原则，提高成功的可能性。

## 二、过程性习惯和结果性习惯

习惯主要分为两大类：一类叫作过程性习惯；另一类叫作结果性习惯。过程性习惯就是难度系数较低的，特别轻松就能够养成的习惯；结果性习惯则是难度系数较高的习惯。

我们先说结果性习惯，它的难度系数是比较高的，由一系列的小习惯叠加而成。比如早睡早起是一个结果，养成它需要把这个习惯进行拆解，早起意味着你一定得早睡，早睡意味着你得提前回到寝室或者提前回家，提前回家又意味着你不能加班。不管是完成工作还是学习，这都意味着你必须提高工作效率。所以，我们可以说，早起的终端是你要提高工作效率或者学习效率。看似一个简单的结果，其实是由一系列的习惯养成才最终达到的结果，所以结果性习惯偏难一点。

而过程性习惯相对来讲就较为简单一点。这类习惯本身并不难达成，但我们往往希望立即见效，快速养成结果性习惯，这就是问题所在。结果性习惯需要拆解成多个前置的低难度习惯，比如提高效率。如果这些前置习惯没有养成，结果性习惯自然也难以实现。有时我们会看到别人早睡早起似乎很简单，其实他们可能已经花了很久的时间养成了许多其他的习惯。

例如，我的同事小易，他之所以能够轻松地早睡早起，是因为他白天的工作效率极高。他一个人的工作效率是别人的 1.5 倍甚至 2 倍，所以他能够在晚上按时休息。因此，如果你没有将结果性习惯拆解成许多个小习惯，那么直接尝试养成这些习惯就像让小学生学高数一样，是在为难自己。这种做法很难坚持，最终会导致放弃。

我们设定的目标如果不合理，尝试一蹴而就地养成结果性习惯，往往会打击自信心，让人觉得自己能力不足。不断设定这种结果性习惯并且失败，会使我们越来越不自信，觉得自己什么都做不好，从而可能会认为自己无法养成好习惯。

为了避免这种情况，养成习惯需要有逻辑。普通人和高手之间的差别在于是否有逻辑地做事。高手做事有逻辑，有步骤，不轻易否定自己。如果某件事情没有做到，他们会认为是方法不当，只需找到合适的方法并改进。唯有如此，养成习惯的过程就变得行之有效了。

### 三、五位一体的习惯养成方法

那么，究竟应该如何养成好习惯呢？下面这几个习惯的养成方法，可能有一些突破你原有的认知，但是方法真的非常方便实用。它可以使你无压力就轻松养成好习惯。

#### 1. 给自己想要养成的习惯打分

不管你想养成什么习惯，背单词、阅读、练口语也好，跑步、早睡早起也罢，首先你要衡量一下自己的目标，以你对这个目标本身以及对你自身的了解，你要判定这个目标对你来说的难度是几颗星，适合打多少分（比如 10 分制）。

如果你认为这个目标很容易养成，难度系数不大，那你就可以把分数稍微打低一点；如果你觉得这个习惯（比如跑步的习惯），根本不是一朝一夕就能养成的，对你来说不啻为一种挑战，那你可以给这个习惯打个高分，比如9分、10分。当你真正愿意去面对你要养成一种习惯所要面临的困难，并积极地给它打分的时候，你就迈出了第一步。当你给这个习惯打5分或6分的时候，你应该是胸中有数的，就是有把握养成这个习惯；如果你给这个习惯打了10分，你更应该是胸中有数的，你清楚地意识到这个习惯不是短期内可以养成的，这就相当于给自己做了一个前期的心理准备，允许给自己留一个充分的时间。

## 2. 一次性只能养成一个习惯

有些人想同时养成多个习惯，如早睡早起、跑步、减肥、流利的英语交流等，这往往难以实现。重要的是，控制住自己的欲望，不要贪多，一次专注于养成一个习惯，因为你想要的越多，你就越什么也抓不住。

养成一个习惯需要循序渐进，而不是一蹴而就。当你成功养成一个习惯后，会增强自信，认可自己。比如，早起洗脸、刷牙变得自然而然，不再需要额外的意志力。完成一个习惯后，给自己一个肯定，然后再开始下一个习惯。

举例来说，每天读书和写读书笔记是两个不同的习惯。如果你想每天读书并写读书笔记，这会很难实现。因此，先养成读书的习惯，然后再逐步添加写读书笔记的习惯。同样，减肥也不是简单的"管住嘴、迈开腿"。把减肥拆分成小目标，先调整饮食习惯，再逐步增加运动量。比如，先戒掉高热量饮料，然后再逐步调整其他饮食习惯。

通过这样的方式，逐步养成习惯，就像爬坡一样，一步一步来，这样你会更自信，也会更容易成功。

### 3. 将目标习惯优化成为两分钟内就能够完成的事

对，你没看错，两分钟！两分钟能养成什么好习惯呢？

例如，你想养成读书的习惯，那你千万不要给自己设定目标为从现在开始每天读半小时书，或者读一小时书。你可能会想，哪怕再忙，难道我每天连半个小时、一个小时都抽不出来吗？我想说的是，这的的确确是一个错误的目标设定，因为假设你觉得每天30分钟很轻松、很简单，但你相不相信你哪天真的有可能忙得连30分钟都抽不出来？如果你某天只有20分钟，而你的目标是30分钟，那你是读还是不读书呢？大多数情况下你应该就放弃了，因为你的潜意识认为，我反正完不成那30分钟，不如今天就算了，不读书了，这20分钟我冲会儿浪，嗖地就过去了。所以，这时候你就特别容易放弃，也很难坚持下来，因为一生之中就是你在工作学习的过程之中，时间对你来说有时候真的很难自我把控。

因此，我建议大家从今天开始，为自己的每一天设定一个两分钟的目标即可。比如你想养成读书的习惯，那你如何用两分钟来养成这个习惯呢？你可以设定一个每天坚持读一页书的目标。读一页书是可以在两分钟之内就完成的一个习惯，你会发现它就像多米诺骨牌一样。因为书都是有连贯性的，有前后的剧情，你发现每次只看一页书是不太可能停下来的，往往是你看了一页之后，还会下意识地往后多翻两页。所以，养成习惯最难的是启动，只要启动成功，你就离目标近了一大步。这就好比跑步，最难的一步是你能够穿好你的运动服和运动鞋站在操场上的那一刻。一旦你做足准备严阵以待，其实你就开始跑了。

如何克服养成习惯最难的"启动"阶段呢？方法是给自己设定一个两分钟的目标，以此绕过大脑中的"守门员"。每个人的大脑中都有一个"守门员"，当你想做某事时，这个"守门员"会找各种借口阻止你，比如觉得太累或太麻烦。大脑中的两个想法就像两个小人儿，一个想行动，另一个总是阻挠。所以，我们需要给大脑一个两分钟的指令，让"守门员"放松警惕。告诉自己只读一页书，只需两分钟，守门员通常会认为这没什么，便允许你开始。因为两分钟的门槛很低，他觉得无所谓，可能他有时候也想偷懒。而一旦开始，两分钟的行动往往会带来连锁反应，就像多米诺骨牌一样。你可能读一页就读得入了迷，不知不觉中，半小时甚至一小时就过去了。当你完成后，你会觉得自己很棒，因为你不仅完成了两分钟的目标，还超额完成了任务。这种成功感会增强你的自信和满足感，认为自己是一个能实现目标的人。

### 4. 给习惯设立一个合适的养成周期

什么是合适的养成周期呢？比如说读书，即便你设置了一个两分钟的目标，也会有无法坚持的时候。或许有些晚上你实在太累，甚至连翻开书的力气都没有。这种情况时有发生，因此，给自己设定一个合理的养成周期非常重要。

正确的养成周期意味着循序渐进地设定目标。例如，一个月有 30 天，但你不需要每一天都严格执行。可以将目标分阶段进行。第一周，你可以设定每天读书两分钟，完成 5 天即可。这意味着一周内你可以有两天的休息时间。第二周也是如此。第三周可以增加到 6 天，第四周则尝试每天都坚持。这样逐步增加，坚持的过程会更加轻松。

当然，如果第一周你能坚持 7 天，那更好，说明你超额完成了任务。但即便只完成了 5 天，也已经达成了目标，足够了。这种设定可以避免因追求完美而导致的挫败感。很多人是完美主义者，他们会因为某一天的中断而放弃整个计划。比如前 15 天你都坚持得很好，但第 16 天因突发状况而中断了，你可能会觉得整个计划失败了，从而不愿再继续下去。

实际上，前 15 天的努力依然有效，不要忽视已经取得的成果。为了避免这种完美主义带来的挫败感，我们需要设定一个正确的养成周期，给自己留有余地。例如，第一周读 5 天书，第二周也是 5 天，第三周可以有一天的休息时间，最后一周则尽量坚持 7 天。这样，即使某天因特殊情况没读书，也不会觉得计划被打乱。反正计划是读 5 天书，今天休息也无妨。

这种方法非常有效，给自己留点余地和时间，不要把自己逼得太紧。养成好习惯其实并不难，只要有正确的逻辑和方法。很多人因为坏习惯和拖延症而苦恼，但是只要你采用了这种方法，情况一定会得到改善。

### 5. 设置一个例外的规则

尽管我建议每周只需花 5 天时间，每天两分钟来养成读书的习惯，但仍需要给自己留一些余地，确保没有失败的可能性。这就是所谓的设置一个例外的规则。

什么是例外的规则呢？即使设定了每周读 5 天书，每天仅两分钟，也难免会有无法完成的时候。为防止这种情况的发生，我们需要为自己设立一个例外的规则。例如，如果某天实在无法翻开书本，我们可以选择听书来代替。如今，有很多听书的 App，比如喜马拉雅，樊登老师的"帆书"也很不错，我购买了他的讲书课程，这样躺在床上时，突然想起今天还没读书，但又懒得拿纸质书时，可以打开手机，播放两分钟的听书内容，这就像睡前听音乐一样，轻松而简单。

阅读两分钟的书或许有难度，但听两分钟的书并不难。通过设置这样的例外规则，当无法完成原计划时，可以找到一个替代方案，以保证习惯的延续。即使当日的阅读无法完成，听书也能替代，这样就不会中断计划，仍然能够保持自信心，告诉自己：没问题，你做到了，即使很累也完成了计划的替补。

这种例外规则非常有效，使目标设定几乎不可能失败。通过这种方法，你能更轻松地坚持习惯，避免因为偶尔的失误而感到挫败。

以上这五个方法相结合，形成了一个完整的体系，确保你在设定目标时更容易成功，减少失败的可能性。

### 四、几个有效提醒你坚持目标的小妙招

介绍完以上五位一体的习惯养成方法后，我还想为大家分享几个小妙招，即如何有效地提醒自己坚持目标。

第一个小妙招是设置闹钟。提醒不需要太复杂，最好是一次设定后每天自动响起。闹钟设定一次，每天在固定时间响起，可以有效地提醒你去完成某个任务。为了防止忘记，你还可以设置两个不同时间的闹钟，间隔提醒，这样更不容易错过。

第二个小妙招是视觉提醒。你可以把提醒信息张贴出来，例如设置手机屏幕或屏保为目标提醒。大家睡前都有看手机的习惯，设置手机屏保为目标提醒，可以确保你在每天最后查看手机时，看到提醒，想起未完成的目标。你还可以在书桌、常用的本子、电脑、床头等地方贴上小便利贴或海报，上

面写上你的目标，让提醒无处不在。

这种方法就像提醒一个人多喝水，不是通过反复嘱咐喝水的重要性，而是把水瓶放在房间的每个角落，无论走到哪里都能看到水瓶，时刻提醒自己多喝水。类似地，把目标的提醒放在你生活的各个角落，让你无论走到哪里都能看到，慢慢地，这个目标会深入你的潜意识，变成习惯的一部分。

这种一劳永逸的方法效果显著，例如，贴一张海报在门上或设置手机屏保，一次行动，长久受益，无时无刻不在提醒你。

第三个小妙招是为自己设立奖励机制。比如，你想养成每天读书的习惯，为此设定一个周期，比如坚持读书 108 天，每天两分钟。如果成功完成，就给自己一个奖励，比如一双 500 元的球鞋或一顶漂亮的帽子，这些奖励平时你可能舍不得买，但为了激励自己，你可以作为习惯养成的奖励。这样不仅能增加动力，还能让坚持的过程更加有趣。不过值得注意的是，平时不要随意花钱，这种奖励机制要有计划性和节制性。

说到奖励机制，我们就不得不提到延迟满足感。什么是延迟满足感？它可以理解为一个人能够推迟对即时满足的需求或欲望，以换取更大的长期回报或更大的满足感。这种能力通常表现为自我控制和延迟享乐的能力。这个概念最早是由心理学家沃尔特·米歇尔在 20 世纪 60 年代的"棉花糖实验"中提出来的。在这个著名的实验中，沃尔特·米歇尔给孩子们提供了一颗棉花糖，并告诉他们，如果他们能等上 15 分钟不吃掉这颗棉花糖，他们将会得到两颗棉花糖。实验发现，那些能够等待更长时间的孩子，在成年后表现出了更优异的学业成绩、更健康的人际关系和更强的抗压能力。

我们在习惯养成过程中给自己设立奖励机制，就是延迟满足感的一种表现。它有助于提供即时的正向激励，以帮助我们坚持做出长期有益的选择。总之，延迟满足感可以帮助你把想要的东西变成自己的奖励。这样，当你穿上那双球鞋或那件漂亮的衣服时，你会赋予它们特殊的意义，这是你通过坚持读书养成的好习惯所得到的礼物，你是值得拥有的。

总之，要养成好习惯，就需要设定一个不会失败的目标，并综合运用以下五种方法：

（1）理解习惯的分类：习惯分为难度较高的结果性习惯和难度较低的过程性习惯。不要期望所有习惯在短时间内养成，对难度较高的习惯要给自己充足的时间。

（2）一次只养成一个习惯：避免同时尝试多个习惯，集中精力逐个攻克。

（3）将习惯分解为小任务：把习惯拆解成两分钟内可以完成的小任务，例如，每天读一页书，而不是设定过高的目标。

（4）设置合适的养成周期：不要给自己安排过满的计划，每周只设定5天来养成习惯，允许有两天的灵活时间。

（5）设置例外规则：如果当天不能完成预定的习惯，可以采取灵活的方式。例如，无法读纸质书时，听两分钟的有声书也可以算作完成任务。

通过综合运用这些方法，设定一个不会失败的目标，并为自己设置奖励和提示。例如，将提醒内容放到手机屏保上、定闹钟、贴便利贴等，确保养成习惯的过程轻松顺利。这样，你不仅可以养成一个好习惯，还能提高自信和效率。

# 你并不需要那么"合群"

在日常生活中，从众现象非常普遍。人们在做决定时往往参考他人的选择，这种行为在很多消费场景中尤为明显。例如：在网上购物时，人们倾向于选择销售额较高、评价更好的网店；购买服装时，会参考当季流行趋势进行搭配；选择餐厅时，会偏向顾客更多的店铺。

在这些情况下，当顾客没有明确的选择目标时，从众心理提供了一种心理上的安全感，使决策过程变得更加轻松和省时。

而随着互联网的普及，这种从众心理的影响更加显著。普通景点在网红推荐后成为打卡热点，普通食物因为网络推荐而变得十分火热，需要排队品尝，甚至出现了黄牛代买业务。这些现象背后，体现了人们希望通过追逐热点和关注网红来获得群体的接纳、支持和认同的心理需求。

毋庸置疑，从众行为简化了决策过程，特别是在信息不对称或信息过载的情况下，跟随多数人的选择可以节省时间和精力。当大多数人选择某个产品或服务时，个人会觉得这个选择是经过验证的，更可靠，从而增加心理上的安全感，但是它的弊端也十分明显：一是从众行为可能导致个体选择趋同，失去个人的独特性和个性化需求；二是盲目从众可能导致忽视实际需求和个人偏好，选择并不适合自己的产品或服务。

从众行为有其合理性，但是盲目从众具有风险，而且是低质量的合群。

20 世纪 50 年代，心理学家所罗门·阿希进行了从众现象的经典性研究——三垂线实验。在该实验中，阿希要求被试者在实验情境下，将 A、B、

C 三条线段与标准线段进行长度比较，判断哪条线段与标准线段长度一致。尽管这个任务非常简单，但在其余组员（实验者的同谋）一致选择错误答案的情况下，至少有 33% 的被试者会从众，做出错误判断。

该实验表明，盲目从众行为不仅会导致个体失去自我，还会增加错误决策的风险。个人在面对群体压力时，容易放弃独立思考，陷入从众的陷阱。

此外，盲目从众还伴随着"人际控制"的潜在风险。

（1）相互回报的压力。例如：同事请你吃饭，回头却找单位报销了餐费，而你没有这样的报销权限。为了不失面子，你感到有义务回请对方，从而浪费了金钱和时间。在这种情况下，合群带来的社交互动变成了一种无形的负担，你被迫参与到相互回报的循环中。

（2）陷入被动。在社交场合中，如果你的社交能力不如他人，你会发现，自己经常需要付出更多，以维持人际关系。这是因为，社交能力较弱的人，在合群过程中容易被更强势的个体利用，成为人际关系中的被控制者。

（3）造成资源浪费。为了维持合群，你可能需要投入大量的时间和金钱在社交活动上，尽管这些活动对你自身的实际帮助有限。于是，合群的压力使你在资源分配上做出妥协，导致个人资源的不合理消耗。

那么，我们如何才能做到合群而不盲目从众呢？合群而不盲目从众是一种平衡，需要在保持个人独立思考和尊重集体意见之间找到适当的中间点。以下几种方法，也许可以帮助你实现这一目标。

## 1. 认清自己

认清自己是实现合群而不盲目从众的关键步骤之一。认清自己就像是打开心灵的一扇窗户，让我们看到内心的真实风景。这个过程类似于一个探索和发现的旅程，我们逐步了解自己的不足与优点，找到生活中真正重要的目标和价值。自我认知的建立，不仅是我们做出关键人生抉择的基础，也是通过实验和经历逐渐发现和确认自己的过程。

找工作的时候，你是选择从众，看我室友、朋友、亲戚是怎么选择的，你就去跟随；还是先要进行深入的自我反思和分析，明确了自己的性格、兴趣和技能，从长期发展的角度来为自己衡量呢？

如果你是金融专业的，你发现，身边朋友毕业后大多数进入金融行业工作了，虽然自己对数字分析和数据处理很喜欢，也有一些天赋，但你并没有深入认真地去分析自我、认清自我。最后，你还是从众地选择金融行业，做了几年之后，你会发现，以自己的学历和能力，真的很难在这个行业去深耕和发展，你十分努力了，还是只能做基层的业务员，此时的你，会不会后悔当时的选择呢？

### 2. 掌握分析能力

拥有分析能力的人具备独立思考和自主决策的能力，他们不会盲目跟随群体或被他人的意见轻易左右。这种能力使他们能够形成自己独特的观点和想法，并在决策过程中采取理性的、综合考量的方式。此外，拥有分析能力的人不容易被情绪或外部压力左右。他们可以冷静地评估局势，并基于客观的数据和事实做出决策。这种理性的处理方式使他们能够在压力下保持清晰的头脑，不会被群体情绪或短期利益左右。

分析能力是可以被训练出来的。

我最常训练自己分析能力的方法，是看一些辩论赛节目，听各方辩手的观点，有时看到辩题之后，我会把节目按下暂停键，自己先去构思一下，如果我是正方会如何回答？如果我是反方会如何回答？

然后再去听辩手们的回答，特别好的观点，我没有想到的，会记录下来。

用这种辩论赛的形式云提升自己的分析能力，还有个很大的好处，让我们遇见问题时，拥有系统思维，多角度、多层次，全面整体看问题的能力。

就这样日积月累，我把娱乐看节目的时间，变成提升自己分析能力的工具，并且极其好用还好玩。

同时，本书里跟大家分享的，坚持写周记和复盘的方法，也非常有利于提升分析能力，希望大家可以坚持这两个习惯。

我有一个学生叫杨华，他大学时就跟着我学习，一直到毕业，分析能力的训练已成为一种下意识的思维习惯。他毕业后在一家技术公司工作。有一次，他们公司面临一个重要的项目决策，团队大多数成员倾向于采用一种新的开发方法，因为这种方法在业界看来非常流行和先进。但是杨华注意到，虽然这种方法在某些情况下表现良好，但在项目的特定需求和时间限制下可能会带来风险和延迟。为此，杨华开始深入研究和评估每种选项的利弊。他分析了项目的需求、团队的技术能力、时间表、客户的期望以及市场趋势，并与其他领域专家进行了讨论，听取了不同的意见和建议。最后，杨华基于他的分析结果和专业判断，提出了一个结合新方法优势并减少风险的方案，得到团队和领导的一致认可。该方案最终顺利实施，并取得非常好的成效，杨华也因此得到晋升。

杨华之所以能够做到合群而不盲目从众，关键在于他具有分析能力。这种能力使他在团队中不仅能够保持独立性和自主性，还能为团队带来更有效的解决方案，从而在职场中表现出色并获得认可。

### 3. 保持内心的强大

克服盲目从众心理，还需要保持内心的强大和自主性。在面对外部的群体压力或社会期待时，能够坚定地保持自己的生活方式和价值观，而不是轻易受到他人意见的左右。

保持内心的强大是一个多维度的过程，涉及自我认知、情绪管理、价值观的坚持和个人成长等多个方面。此外，你可以通过充实自己的生活来保持内心的强大。一个有趣、充实的生活能够帮助个人建立更多的自我认同，减少对外界认同的依赖。这包括培养个人的兴趣爱好、学习新技能、探索新的经验和认识新的人群。通过这些方式，个人可以拓宽自己的视野，增强对生活的掌控感和满足感。

### 4. 学会多角度观察

在社交中保持个性，同时与他人和谐相处，关键在于培养一种能力——多角度观察。这不仅仅是换个角度看问题，更是一种深入事物本质的洞察力。

想象一下，你参加了一个聚会，大家正热烈讨论一个话题。如果只从自己的视角出发，你可能会错过他人观点中的独特见解。但如果你能够倾听并理解不同人的看法，你就能更全面地把握讨论的脉络，甚至提出更有建设性的意见。在团队工作和日常生活中也是如此。多角度观察也意味着在日常生活中的实践。比如，当你面对一个棘手的问题时，试着从不同的立场去看待，深入理解他们的需求和期望，从全面综合的视角寻找解决方案。这种练习能够帮助你更深入地理解问题，从而找到更加平衡和周全的解决方案。

学会多角度观察不仅是提升个人智慧的途径，也是建立良好社交关系和有效团队合作的关键。这种能力不仅局限于学术和专业领域，也贯穿于日常生活中的各个方面，帮助我们更好地适应和成长。

# 信念是原动力，相信相信的力量

信念是推动我们行动的强大力量。正如亨利·福特所言："如果你认为你能，或者你认为你不能——你都是对的。"我们的自我认知和信念体系，决定了我们能否超越自我、达成目标。这也就是我经常和伙伴们分享的"相信相信的力量"。通俗来讲就是：如果你相信自己办得到，你就一定能办到；如果你认为绝对办不到，那么无论费多大心力，你都无法说服自己。

如果一个人内心充满了怀疑和消极,比如像"太迟了""没有办法可想""为什么又是我"这些消极的信念就会成为阻碍，限制我们发挥潜能和斗志。它们如同无形的锁链，束缚着我们的脚步，让我们在挑战面前退缩。

生物学家曾进行一项实验：将一只家兔和一匹狼放入同一个笼子，中间隔着一块坚固的玻璃钢板。起初，狼不断攻击家兔，尽管每次都被挡回，但仍然不放弃。家兔则蜷缩在角落，颤抖不已。随着时间的推移，狼逐渐意识到了障碍的存在，攻击变得不那么激烈，而家兔的颤抖也慢慢减轻。几天后，狼放弃了破坏玻璃钢板的尝试，转而安心享受食物。家兔也平静地啃食胡萝卜。后来，即使玻璃钢板被移除，它们也未察觉，继续各自的生活，仿佛障碍依然存在。

毫无疑问，狼扑击兔子，是因为它想要吃肉。这种信念支撑着它不停地努力，即使失败也没有放弃。随着时间的流逝和反复的失败，它的信心受到了打击，信念逐渐丧失，直到完全消失。最终，它们完全放弃了努力，并理所当然地认为自己永远做不到。由此可见，信念在试验中起着至关重要的作用。信念支撑着狼不断努力，也正是由于信念的丧失使它们放弃努力。

那么，信念对人类又有多重要呢？

信念是什么？拆开来说，"信"就是信心，"念"就是念头，信念就是对念头的坚信。信念对于人而言，就像修道者的神，有了神，苦修者才能在修行上一往无前，拨云见日，一窥天道。人们需要坚定的信念，因为这是他们前进的原动力。不管前路多么艰险，只要有执着的信念，人们就能披荆斩棘、一往无前。

有人会问："信念值几何？"答案是，信念无法用金钱衡量。有时它只是一个小小的念头，如同选择喝什么水、吃什么饭那样简单；有时它却是一种巨大的执念。

"我走了很远的路，吃了很多的苦，才将这份博士学位论文送到你的面前。二十二载求学路，一路风雨泥泞，许多不容易。如梦一场，仿佛昨天一家人才团聚过。"这是中国科学院自动化所博士黄国平论文的致谢部分，他在《致谢》中回顾自己如何一路走出小山坳和命运抗争的故事，打动了大批网友。但真正进入人心的是支撑他前行的信念"把书念下去，然后走出去，不枉活一世"，简单又不简单。

这一刻，信念的力量是无穷的。感动中国的华坪县女子高中的张桂梅校长，一个有着坚定信念的人。她的那句"女孩受教育，可以改变三代人"，就是她坚持办女子高中，让女孩免费受教育的坚定信念。所以，信念不仅决定一个人的行动方向，也决定了人生在世的精彩和价值。但凡是拥有坚定信念的人，心态永远都是积极向上的，前进的脚步也不会停歇。

在现实生活中，我们大多数人的信念在我们深受影响或是有能力选择之前，已经因为父母的言传身教、师长的引导、社交圈的影响及媒体的渲染等的影响而变得根深蒂固。那么，有没有可能重组、拒绝或改变那些限制我们的旧信念，进而输入能够发挥潜能、超越自我的新信念呢？

阿尔伯特·埃利斯的 **ABC** 理论为我们提供了一个框架，来理解情绪和行为是如何被我们对事件的解释和信念所影响的。这个理论强调了认知在情绪反应中的作用，即我们的情绪和行为不是由外部事件直接引起的，而是由我们对这些事件的内在评价和信念所决定的。

A（Activating Event）：激活事件，即生活中发生的具体事件或情境。

B（Belief）：信念，指个体对 A 的解释、评价和信念。

C（Consequence）：后果，即个体的情绪和行为反应。

通常情况下，大部分人以为是事件引发了一个人的情绪和行为。但 ABC 理论认为，改变我们的情绪和行为反应的关键在于改变 B，即我们的信念和评价。通过挑战和修改不合理或有害的信念，可以帮助个体发展更健康、更适应的情绪和行为模式。

那是否有方法去更好地修正不合理的信念呢？在此我给大家分享下，我在"未来私塾"里的关于这部分的内容。

### 关于"ABC 法则"模型

A：事件

B1：态度，看法——C1：消极负面结果

B2：态度，看法——C2：积极正面的结果你可以每天挑选一件事，按以下步骤来练习，并做记录。

### 关于"练习"

Step 1：事件本身（A）

Step2：我想要什么结果（C）

Step3：我要怎么调整自己的情绪（B）

### 关于"复盘"

Step1：事件本身（A）

Step2：我原来的态度和看法是什么（B1）

Step3：产生什么结果（C1）

Step4：有没有更积极的态度和看法（B2）

Step 5：改变态度和看法后的结果是什么（C2）

信念是我们内心世界的建筑师，塑造了我们对现实的看法，并深刻影响我们的情绪和行为。通过认知重构，我们能够用更积极和现实的眼光看待挑战，减少负面情绪的侵扰，增强面对压力的能力。

想法就是信念。我们不能改变事情的本质，但可以选择我们的想法！当你通过上述练习，修正你的想法或信念，再把积极的信息传给大脑，就可以得到期望的结果。换言之，你相信什么，你就会得到什么。如果一个人相信他能够做到，信念就会激励他做到；如果一个人相信自己做不到，信念就会阻碍他甚至导致失败。无论是黄国平博士，还是张桂梅校长，他们都是拥有积极信念和信念坚定而取得成功的人。

心理学导师黄启团在《圈层突破》一书中说道："当一个人内心真的相信某件事情的时候，信念便会传送一个指令给神经系统，这个人便会不由自主地进入信以为真的状态。"而这就是信念的力量。

有人会问"除了修正或重组信念外，我如何才能给信念持续注入强心针"呢？很简单，这里我也给大家分享一个易于操作的方法：

列一个表格。

（1）列出近期需要完成的任务清单。可以从每天的起床、锻炼到月度业绩目标，确保目标切实可行，避免过于遥远的规划。因为信念的强度培养需要从一点一滴做起，目标太远反而起不到直接作用。

（2）分类整理，并放在你经常能看到的地方，比如床头柜、办公桌或电脑桌面。接下来要做的事可能对你是一种折磨，却是最好的锻炼。按照计划逐一完成这些任务，并在每项任务完成后，给自己的表现打分。可以采用简单的评分制度：完成得一般，加10分；完成得很好，加20分；完成得差，则扣10分。

（3）复盘并绘制"月完成情况折线图"。每天结束时，记录下当天的得分，并绘制"月完成情况折线图"。折线图整体的结果虽然覆盖一个月，但建议以7天为一个周期，复盘及调整任务或计划。当你坚持一个月时，仔细观察你的"折线图"，看看分值折线是上升还是下降。如果是上升，恭喜你，你的"强心针"效果不错；如果是下降，或上升幅度不大，就继续细化罗列的事情，然后以更大的毅力督促自己逐件完成，直到"折线图"稳定在高分值。

　　坚持很难，但坚持很美。当折线图持续稳定在高分值的时候，你心中的信念也会不断变得积极、坚定。而一旦拥有积极的信念，其孕育的信心能激发我们完成许多事情，甚至是那些别人认为不可能的挑战。这种信念能够点燃我们内心的火花，推动我们不断前进，超越自我限制，实现目标。在人生路上，谁都不知道即将面对的是什么，但无论你曾失去过什么、放下过什么，有一样东西永远不要放弃，那就是信念。它是指引你向前的明灯，永远不要试图熄灭它。

# 人生不可一周不运动

我的母亲是一位出色的运动员，尽管身在齐齐哈尔市查哈阳农场这个偏远的地方，但她常常代表我们县、市参加国家级别的中长跑比赛，取得了不错的成绩。而我，虽然出生时有八斤半，但我小时候的身体素质并不是很好，直到我开始运动。

## 一、运动的重要性

1917 年，青年毛泽东在《新青年》杂志上发表了《体育之研究》。他提出，体育的效果和作用是多维度的。首先，体育能够强筋骨，为我们塑造强健的体魄。其次，体育活动还能增知识，这听起来或许令人惊讶，但我的亲身经验证实了这一点。当身体和精神状态良好时，脑细胞活跃，知识吸收和消化的效率自然提高，甚至在考试中取得更好的成绩。此外，体育还能调节情感，通过运动释放压力，实现情绪的平衡，这对心理健康至关重要。最后，体育活动还能增强意志，培养我们面对挑战时的坚韧和毅力。

体育的重要性得到了众多教育家的肯定。北京大学的蔡元培先生曾强调："完全人格，首在体育。"他视体育为培养人的根本。南开大学的张伯苓先生指出："不懂体育者，不可以当校长。"清华大学的施一公教授将体育视为一种自强不息的精神、一种敢于拼搏的气质，以及一种能让人受益终生的生活方式。他认为体育是塑造完美人格的重要途径，并亲身践行，每天跑 3 千米，被学生们亲切地誉为"风一样的男神"。这些教育家和学者的观点无不强调了体育在个人成长和教育中不可替代的作用。体育不仅是强身健体的方式，更是一种精神的培养、一种生活的哲学。

在科学和科技界也是如此。特斯拉的创始人埃隆·马斯克强调运动是人生中至关重要的一项指标。爱因斯坦曾用骑自行车的比喻来教育他的儿子，说明生活需要不断运动来维持平衡，并告诉儿子运动可以替代药物的治疗效果，而药物却无法取代运动。

运动不仅能促进身体健康，还有替代药物的潜力，尤其在缓解抑郁症方面。现代生活中，抑郁症患者数量逐年增加，而规律的运动，特别是持续40分钟以上的中长跑，能刺激大脑产生内啡肽和多巴胺，这些"快乐因子"具有疗愈作用。因此，生活中不能缺少运动。

人生宛如一场马拉松，充满了长跑的挑战与美丽。在这段旅程中，我们既会遭遇艰难险阻，也会欣赏到沿途的美景。而跑步，尤其能够带给我们深刻的享受。它不仅锻炼了身体，更在精神层面与人生哲理相通。跑步时，我们有机会独处，沉浸在自己的思绪中，反思生活，审视自我。这种内省的时刻，让我们有机会规划自己的人生。在众多运动中，我特别推崇跑步，特别是3千米到5千米的慢跑。它既高效又实用，不占用太多时间，通过与呼吸的协调，提升我们对生活的感知和觉察能力。

## 二、如何爱上一项运动？

爱上一项运动并非易事，许多人在坚持运动和培养对运动的热爱上遇到困难。毛泽东在《体育之研究》中提到几个原因：无自觉心、自制力不足、积习难返、长期形成的生活习惯难以改变、提倡不力、经济利益主导，以及对体育价值的误解。有人认为运动浪费时间，应该用来学习或工作。这些观念让运动变得可有可无。

那么，如何培养对运动的热爱呢？其实，和爱上刷抖音、玩游戏类似，启动简单、即时奖励是关键。在此，和大家分享一下如何养成运动的好习惯的 4 个小妙招。如果你想要系统了解和掌握更多养成好习惯的方法，请详阅第五章的第一节《无压力，轻松养成好习惯》。

### 1. 设置不会失败的运动目标

我们经常给自己设定过高的目标，比如每天运动 30 分钟、读书 30 分钟，结果往往难以坚持，最终放弃。因此，设定一个合理的、不会失败的目标非常重要。我刚开始养成习惯时，会设定一个只需两分钟就能完成的目标。比如，我特别喜欢跑步，但忙碌的工作日里很难抽出 35 ~ 40 分钟跑 5 千米，于是我设定了一个两分钟的目标——只要我把跑步鞋穿上，就算完成了今天的运动指标。

有人会质疑这是否有效，但事实证明，这样设定能启动正向循环。当目标仅仅是穿上跑鞋时，即便内心有抵触情绪，负面声音也会认为"这很简单，可以完成"。一旦穿上跑鞋，后续的运动自然就能顺理成章地进行。这个成功的开始会增强自信，形成良性循环。

### 2. 逐步提高目标完成度

由于忙碌或遗忘，我们难以保持 100% 的任务完成度。因此，采用渐进方法设定运动目标非常有效。第一周设定 50% 的完成度，即一周运动 3 ~ 4 天即可；第二周提升到 70%，即一周运动 5 天；第三周提升到 90%，即一周运动 6 天；第四周设定 100%，即一周 7 天都运动。

这种周期性目标设定能避免因完美主义导致的挫败感。如果一个月的运动计划中有一天没有完成，容易让人丧失信心。而通过渐进方法，即使有几天没完成，也能看到自己的进步和努力，从而更容易坚持下去。

### 3. 允许意外情况的发生

即便每天只计划运动两分钟，有时因为过于疲劳，连这两分钟都难以抽出。在这种情况下，可以寻找替代方案，以确保运动习惯不被打断。例如，可以拿起运动鞋擦拭一下，或简单地抖动几下鞋子，这个过程可能只需要十秒钟左右。这样的替代活动虽然简单，却足以保持运动习惯的连续性。

重要的是，这种替代活动应该比原计划的两分钟运动更为简单。即使在极度困倦时，一旦想起还未完成当天的运动，也能轻松完成，从而保持30天运动周期表的完整性。这种设置即便再累也能随手完成，从而形成持续习惯。

### 4. 给予即时奖励

将运动视作一场游戏，通过设定即时奖励激励自己。就像在游戏中完成任务会收到鼓励性信息一样，运动也可以设定一系列小目标，每达成一个目标就给予自己一些即时的奖励。奖励可以是喜欢的饮料或观看一集喜爱的电视剧。这样，运动不再是单调乏味的任务，而是充满挑战和乐趣的冒险。

每完成一次运动，就像在游戏中打败了一个怪物，获得成就感和满足感。这种即时奖励机制让你每天都感到被认可和赞赏，即使只是完成了两分钟的运动，你也知道自己在为健康和目标而努力，并且每天都在获得奖励。形成积极的循环后，第2天会更有动力继续坚持。

通过这些方法，我养成了许多好习惯，如读书、背单词、学英语口语、写作等。按照这四步，你也一定能养成运动的习惯。

运动不仅能促进快乐激素如多巴胺和内啡肽的分泌，还能让内心变得更加坚韧。在减肥过程中，我深刻体会到了这一点。遇到困难时，这种坚韧的力量会带来正面影响。眼前的困难都不是问题，就像面对体重一样，相信自己想瘦就能瘦下来。

这里提供几个有关运动的实用建议：

（1）运动方法要简单易行。

（2）从感兴趣的运动开始，因为兴趣是坚持的起点。通过兴趣驱动，持之以恒地去做，你将获得快乐和成就感，更容易坚持下去。

（3）运动时要全心投入，感受每一次呼吸、心跳、肌肉的张弛，提升思考力。

（4）注重力量训练，通过扎实的基础训练，如健身房锻炼，打造坚实的身体基础。

人生由一系列体验组成，运动能带给我们幸福感。鼓励大家去体验和实践。你的身材反映了你的自律，而自律可以改变你的人生。

懂事儿

## 第六章

## 完成你的进阶：打破边界，逆转人生

　　每个人的成长之路上，总会遇到各种边界和限制——无论是内心的恐惧，外界的质疑，还是固有的思维模式。然而，真正的进阶在于勇敢地打破这些边界，超越自我。只有敢于挑战现状，不畏失败，才能发现自己的潜力，迎来人生的转折。记住，边界只存在于我们的心中，一旦打破它们，人生将焕发出无限的可能性。

## 改变别人是内耗，改变自己才是"成长"

不管是在直播间还是现实生活中，我经常听见有人向我大倒苦水说，未来老师，如何才能改变一个人呢？我感觉真是太难回答了。

每当这时，我总会问对方：为什么要去改变别人？心理学家都说了，真正的改变必须来自内在动机。如果一个人没有内在的改变意愿，外部压力只会引发反弹。

不久前，我的闺蜜就找我倾诉她的烦恼。她说她的弟弟大学毕业没几年就变成了一条咸鱼，整天不是躺着就是玩游戏。她每次看到弟弟懒洋洋地待在家里，气就不打一处来。

于是，她苦口婆心地劝说弟弟，希望他能够出去闯荡，做出一番事业。然而，她的劝说不但没有效果，反而频频引发家庭矛盾。为了这件事，她每天都很苦恼，吃不下饭也睡不好，人变得非常憔悴。

听完她的诉苦，我告诉她："你的初衷是好的，但当我们试图改变别人或者要求别人怎么做时，大多是在自寻麻烦。你弟弟目前的状态可能是由某些原因造成的，比如缺乏明确的目标或者自我认同。你能做的最好的事情就是给予他支持和引导，而不是强迫他改变。有时候，我们认为自己是在为对方好，却忽略了对方的感受和需求。真正的改变需要来自内心的动力，而不是外部的压力。我建议你换个角度，那就是改变你自己的心态，尝试理解弟弟的内心世界，多一些耐心和包容。当你能够放下改变他的执念，你们的关系可能会更加融洽。"

就像我常在课堂上分享的一句话："我们永远无法改变另外一个人，除非他有意愿改变，同时，我们可以做一些事情令对方有意愿改变。"这句话我们要怎么去拆解？

（1）我们永远无法改变另外一个人：学会接纳、理解对方，同时，也放过自己。

（2）除非他有意愿改变：一个人改变的动力，一定是由内而外的，他要有意愿改变才可以。一个鸡蛋，从外打破，就是一道菜；但一个鸡蛋，从内打破，才是一个新的生命。

（3）同时，我们可以做一些事情令对方有意愿改变：我们所做的事有很多，其中最好的方式就是改变我们自己，让自己成为一座灯塔、一束光，去照亮和温暖他人。当别人看到你的好、你的改变，可能会产生触动，进而产生了想改变的意愿。

与此同时，在渴望改变他人、改变世界的同时，不能忽视一个关键：改变世界的力量源于我们内在的转变。试图改变风的方向或移动山的位置，本质上是一场徒劳，就像我们百般劝说别人的行为，到头来只会内耗自己。当我们意识到自身的局限和不足时，应当审视自己的思维方式、态度和行为，寻求改进和成长。

很多时候，与其向外索取，不如向内生长。人生最大的成长是自我改变，向上开花。

## 一、改变自己的思想

有一天，师父问弟子们："如果你急着要烧一壶开水，却发现柴火不够，你会怎么办？"

弟子A回答："赶紧去捡柴火呀！"

弟子B说："捡柴火可能来不及，不如去集市上买柴火。"

弟子C提议："买也要花不少时间，不如去别人家借。"

师父笑着说道："为什么不把水倒掉一半呢？"

在面临资源不足的情况下，弟子们想到的是如何增加资源，而师父则提供了一个更简便的方法：减少需求。这个方法不仅省时省力，还有效解决了问题。这不就启示我们，改变思维方式往往比单纯努力更重要。当我们遇到问题时，如果能从不同角度思考问题，常常能发现更加简洁高效的解决办法。

我们常常习惯于按照固有的思维方式来解决问题，但有时打破常规思维可以带来新的突破。尝试从不同角度思考问题，甚至大胆设想一些看似"不可能"的解决方案，可能会有意想不到的收获。

## 二、改变自己的心态

民国思想家、文学家胡适的妻子江冬秀是一名典型的家庭女性，文化不高，平时最喜欢打麻将。而胡适作为学问大家，自然是喜欢诗书风雅之事。胡适为了让妻子江冬秀提升自己，曾苦口婆心地写信劝她少打麻将，多读书写字，提高自我修养。然而，江冬秀看完信后，并没有改变自己的习惯，依然乐此不疲地打麻将。面对妻子的坚持，胡适感到十分无奈，他明白自己无法改变她对麻将的热爱。于是，他选择随她去，有时甚至会放下自己的事情陪妻子打麻将，让她开心。

而另一方面，江冬秀也对胡适做出了妥协。胡适喜欢用金钱帮助别人，常常导致家中经济紧张，这让江冬秀很不满。但是无论江冬秀如何劝诫胡适不要过度资助别人，胡适依然我行我素。最终，江冬秀发现自己无法改变丈夫乐善好施的性格，于是选择接纳，不再干涉他的行为。

就这样，生活方式和兴趣爱好截然不同的两个人，通过改变各自的心态，相互包容，最终实现和谐相处。

马斯洛曾说："心态若变，态度随之而变；态度改变，习惯亦随之而变；习惯改变，性格亦然；性格改变，人生便能随之改变。"很多时候，决定一个人境遇的不是外界的风风雨雨，而是这个人的心态。面对不如意的情况，与其耿耿于怀，不如转变心态，从荒芜中走出繁华风景。心态的转变能让我们从事与愿违中看到如愿以偿的可能。尽管日子不总是美好，我们依然可以选择与正能量同行，活得自在安然。境无好坏，唯心所造，转变心态的一分钟可能会改变一生。

### 三、改变自己的立场

在两性关系中，丈夫希望妻子温柔贤惠，妻子希望丈夫有责任心；在亲子关系中，父母希望子女听话懂事，子女希望父母少管束；在职场中，员工希望老板提高待遇，老板希望员工积极上进……矛盾无处不在，但没有是非对错，而是缺乏换位思考。

这些年我父亲一直独自生活在农村，尽管身体不算太好，但他始终不愿离开，也不愿来杭州与我同住。起初，我十分不理解，这些年东北农村的人口流失率非常严重，父亲住在农村下面的队里，更是人烟稀少，他的朋友们该走的也都走了。我曾疑惑，既非有朋友的牵绊，也非对故土的眷恋，父亲为何如此执着？父亲曾几次来杭州家里小住，特别喜欢这个城市，觉得空气也好，城市也干净，人文也好，但最终还是选择回到农村。

直到从姑姑那里，我才明白了他的心思。父亲这一辈，一共有5个兄弟姐妹，父亲排行老四，现在只有他跟唯一的弟弟还在农村老家。父亲说："我走了，我弟咋办？兄弟姐妹里，就他一个人还不能走出农村，我这心里难受，我得在这陪着他，虽然帮不了什么忙，但是如果我也走了，去杭州享受生活了，我弟心里得多难受。"了解到这份兄弟情深，我不再强求父亲改变主意。他有自己的坚持和责任，我所能做的就是尽我所能给予支持。这是父亲的选择，也是他对家庭的深厚情感和责任。

因此，改变自己不仅仅是调整个人的行为和态度，更重要的是改变自己的位置，学会从他人的角度看问题，理解和尊重对方的需求和感受。例如在亲子关系中，父母如果能够换位思考，意识到年轻人有自己的思考和成长过程，可能会更多地与子女进行沟通和理解，而不是单方面施加压力。通过换位思考，父母可以更好地支持子女的发展，建立起更亲密和谐的家庭关系。在职场中，如果员工能够换位思考，站在老板的角度考虑，理解公司的经营压力和目标，他们可能会更有合作性和责任感，从而提升工作效率。同时，老板如果能够换位思考，理解员工的工作需求和挑战，可能会更及时地给予支持和激励，提高团队的凝聚力和工作效率。

　　总而言之，花费精力去改变别人往往是徒劳无功的，因为每个人都有自己的想法、习惯和态度。相反地，真正的成长在于改变自己。你自己改变了，所有困扰你的事情都会消失不见，整个世界也豁然开朗。

# 你靠近谁，决定你成为什么人

我们靠近的人，往往决定了我们最终成为什么样的人。这并不是说我们的命运完全由他人决定，而是说我们的选择、我们与他人的互动方式，以及我们从他们身上学习到的知识和经验，都在无形中塑造着我们。与不同的人为伍，你的人生轨迹将会不同。与优秀的人为伍，你会因此而变得卓越；与不思进取的人相处，你会逐渐被同化。

钢琴家肖邦年轻时展现出了出色的钢琴演奏才能，但他一直未能得到身边人的认可，甚至有人不断给他泼冷水，就连他最好的朋友也拒绝帮他联系剧场。于是，肖邦果断离开家乡，开始在欧洲各国游历。在从波兰辗转到巴黎期间，他遇到了当时的钢琴大师李斯特。两人切磋之后，李斯特对肖邦的演奏惊叹不已。随后，李斯特为他在巴黎剧院举办了一场演出，这场演出使肖邦一举成名。后来，在李斯特的推荐下，肖邦结识了柏辽兹、瓦格纳等志同道合的朋友。他们常常一起参加音乐沙龙，探讨音乐创作。虽然流派不同，但这些朋友给肖邦的创作带来了极大的激励和帮助，助推他在音乐的道路上直接登上巅峰。

你靠近谁，决定你成为什么人。当我们与乐观、自信、积极向上的人相处时，他们的能量和情绪将会感染我们，使我们变得更加积极和阳光。当我们与带有消极、抱怨、愤怒或沮丧等情绪的人相处时，时间久了，就会受到他们负面情绪的影响，产生情绪上的困扰。因此，我们要靠近那些具有正能量的人，被他们的正面磁场吸引，变成正向的自己。

## 一、靠近优秀的人

自然界有一种奇妙的现象：一株植物孤零零地生长时，往往显得细小而弱不禁风；但当它与其他植物一起生长时，却能长得根深叶茂，充满生机。这被称为"共生效应"。选择与谁同行，将塑造你的人生轨迹。与优秀的人相伴，就像是踏上了成长的快车道。

山东某大学的同一宿舍里住着六名女生，她们在整个大学四年里共同获得了 70 多个奖项，发表了 15 篇论文和专利，而且全体成绩始终名列班级前 7 名。她们的座右铭是"目标一致，携手共进"。据说，她们几乎每天早上 6 点 50 分就起床，而且如果有人赖床，就会受到特殊"礼待"。独木难成林，滴水难成海。这六名女生之所以能够取得如此优秀的成绩，离不开彼此的相互鼓励和指引。当优秀的个体聚在一起时，他们的优秀程度就会进一步提升。

如果你想变得优秀，就去靠近优秀的人。与优秀的人同行，你会发现更多美好。我个人非常喜欢这样一段话："我喜欢三种人，一种是比我优秀的人，另一种是使我优秀的人，还有一种就是愿意和我一起优秀的人。"

## 二、靠近乐观的人

在日常工作学习中，我也时常会感到有压力，当自己压力特别大时，我会给特别幽默、乐观的朋友打电话，通常是半小时的电话之后，笑得脸也疼，肚子也疼，压力和烦恼直接减少一半。有时候，我甚至觉得拥有一个乐观的朋友可比什么特效药都有用。

一位秀才进京赶考，考试前他做了两个梦：一个梦是他在墙上种菜，另一个梦是他戴着斗笠还打伞。第二天，他把梦境告诉了第一个人，这个人劝他放弃，因为墙上种菜是徒劳无功，而戴斗笠还打伞则是多此一举。听了这个人的话，秀才感到十分沮丧。后来，他把梦境告诉了第二个人。第二个人向他解释说，墙上种菜象征"高中（种）"，而戴斗笠打伞意味着有备无患。秀才听了这个人的话以后，精神为之一振，积极备考，最终竟然考中了探花。

乐观的人看问题总是积极向上，如果身边的人积极乐观、充满活力，我们也会被这种正能量感染，变得更加有活力，勇敢面对生活的挑战。与乐观的人做朋友，可以治愈我们的精神内耗，使我们在开心的时候有人分享，悲伤的时候有人倾诉。人生最幸运的事情，莫过于拥有一个积极乐观的朋友。

### 三、靠近欣赏你的人

人字，一撇一捺，看似简单，却包含着深刻的哲理。你代表着那一撇，唯有找到那个能够理解你、支持你的一捺，你才能稳固地站立，共同构成一个完整的"人"字。所以，社交的真正意义不在于相互消耗，而在于彼此赋能。多与欣赏你的人交流，才能认清自己，找到自身优势。

大学毕业后初入职场，因为没有经验，也会犯很多错：发布会主持失误，宣传方案日期错误，甚至因言谈不慎失去重要客户。频繁犯错，狠狠地打击了我的自信心和勇气。幸运的是，我有一位年长我十七岁的闺蜜，她不仅是我大学时的教师家长，也是推荐我获得第一份工作的贵人。她总是鼓励我，相信我，甚至说：10 年后你一定可以超过我的成就。尤其是在我犯了错，困难无助的时候，都会有她的鼓励和支持。

靠近欣赏你的人，你会获得源源不断的力量，突破自我设下的桎梏。因为欣赏基于认同，认同基于了解，与一个了解你并认同你的人在一起，才能彼此欣赏、相互滋养。同时，我们也需要意识到，我们在接受别人传递的信息和能量的同时，我们也在无形中释放自己的影响力。这些影响不仅塑造了他人，也在某种程度上定义了我们自己。选择与谁为伍，不仅是在选择朋友，更是在选择一种生活方式和一种精神面貌。我们所展现的每一个微笑、每一次鼓励，甚至是每一次坚定的立场，都可能成为他人模仿的榜样。因此，我们在决定靠近哪些人的同时，也在决定自己将成为别人眼中的何种形象。

## 真正的自由，是能够说"不"

人人都追求自由，那么自由究竟是什么呢？

有人把自由简单地定义为无拘无束、不受限制，因此他们可能会追求这种自由，甚至不计后果地做出叛逆和偏执行为，以追求他们心中所谓的自由状态。然而，这样的选择往往会导致两种结果：一种是坚守初心并因此拥有丰富精彩人生的人，另一种则是扭曲了自己的价值观，为了所谓的自由而伤害他人的利益甚至生命，这种行为被认为是极端和疯狂的。

在我看来，自由并非简单地在既定选项中做出抉择，而是在于拥有超越这些选项的自由——拒绝那些违背我们意愿的事物的能力。真正的自由，是一种内在的力量，它让我们能够坚守自我，对那些不符合我们价值观和期望的事物勇敢地说"不"。

这种自由，不仅是行动上的自由，更是一种精神上的独立。自由的真正意义，不在于我们能够选择什么，而在于我们能够拒绝什么。这种拒绝不是逃避，而是一种选择，一种对自己负责的选择。

我们终生奋斗，追求强大，并非为了压倒他人，而是为了拥有勇气和自信说"不"。比如：拒绝不喜欢的工作的自由，拒绝催婚的自由，拒绝应酬的自由，拒绝加班的自由，拒绝受制于人的自由……

有一位富二代女性，从外界看来，她生活奢侈，拥有豪车别墅，是人生赢家。然而，她的婚姻由父母安排，她被要求管理家族企业，尽管她并不喜欢经商。她想去国外，但父母不同意，希望她留在身边。结婚后，她被迫生了三个孩子，理由是继承家业。

她真的自由吗？显然不是，因为她没有拒绝的能力。

单纯拥有财富并不能带来真正的自由。

经济独立和精神独立是实现自由的两大基石。

经济独立意味着我们不依赖他人或外界的经济支持，能够自主地进行生活和决策，不受经济上的限制。这种独立性使我们能够根据自己的价值观和目标来选择生活方式，而不受外界的束缚。精神独立则意味着我们在思想和情感上是自主和坚定的，能够自主地思考、决策和行动，不受他人观念、社会压力或情绪波动的影响。这种内在的独立性使我们能够在面对外部挑战或困难时，仍然能保持自己的方向和坚定。

那么，我们如何才能拥有经济独立和精神独立呢？

## 一、用能力来垫底

没有能力的自由是假象。想要独立自由，就必须拥有能够掌控自由的能力，能有让自己填满空间的本事。如果只是出于羡慕他人表面的自由，而盲目追求，没有相应的能力去掌控，最终就只是一个莽莽撞撞的人罢了。

关于这点，我有深刻的体会：从小，父亲对我要求严格，上大学前，我从没参加过同学聚会，每天必须准时到家，分秒不差。高考时，父亲唯一的要求是大学必须在本省，以便随时能赶到我身边。然而，大学毕业时，父亲的态度变了，他说："你想去哪就去哪，出国我也支持。"我问为什么，父亲回答："因为你长大了，有能力独自面对未来。"我确实长大了，能够辨别是非，保护自己。从大二起，我没再向家里要过一分钱，到了大四，我还能每月给家里寄生活费。家里的大事，父亲会征询我的意见。

当我真正拥抱自由的时候，才发现能力是人生自由的根本。如果没有能力，你根本无法说"不"，也就失去了对生活和工作的选择权。有了能力，无论身处何时何地，无论在什么岗位，你都能对自己不喜欢的事物说"不"，去追寻自己喜欢的事物。你能对不喜欢的工作说"不"，然后去寻找更适合自己的职业；你能对不喜欢的城市说"不"，然后搬到自己喜欢的城市生活；你能对不爱的伴侣说"不"，然后去寻找真正心爱的那个人。因为你拥有能力，你不必担心找不到工作，不必忧虑喜欢的城市不接纳你，也不必害怕找不到自己真心相爱的人。缺乏自由或不敢说"不"的根本原因在于缺乏足够能力。

### 二、用骨气来托起

人最根本的特质在于尊严，没有尊严的人生既可悲又可怜。

能说"不"需要骨气，而骨气是尊严的体现。骨气不仅让人坚守自己的信念和原则，还让人活得刚强、自信和自由。无论是面对职场压力、家庭纠纷还是社会不公，有骨气的人都能够不卑不亢，勇敢地做出自己的选择，活出自己的精彩人生。骨气，让人活在自己的心中，而不是别人眼里，它成就了真正的独立与自由。

1946年，中国正处于内战时期，战火纷飞，局势很不稳定。当时，钱伟长已经是著名的力学专家，在美国的年薪可达18万美元。然而，他以探亲为由返回祖国，在清华大学机械系开始任教。为了培养更多的学生，他每周讲授17堂课，而一般教授只讲授6堂课。当时，他的月薪只有15万金圆券，这点钱只够买两个暖水瓶，几乎无法维持生活。

迫于无奈，钱伟长在北京大学工学院和燕京大学工学院兼职任教，频繁奔波于三所大学之间，但仍然解决不了温饱问题。最后，他不得不向老同学借钱度日。1948 年，钱伟长收到一封信，邀请他回到美国加州理工学院喷射推进研究所复职，并且可以携带全家定居美国。

然而，当钱伟长到美国领事馆申请签证时，发现申请表最后一栏写有"若中美交战，你是否忠于美国"一项，钱伟长毅然填上了"NO"。在时局纷乱之际，他选择了留在祖国。

真正的尊严和骨气不是在顺境中展现，而是在逆境中坚守。钱伟长放弃了美国的高薪和舒适生活，选择了在祖国最需要他的时候回来，即使生活困苦，也从未放弃自己的信念和原则。这种精神，是对尊严最深刻的诠释，也是我们每个人都应该学习的榜样。

### 三、用财富来支撑

财富可以为个人提供更多的选择和机会，从而在一定程度上支持自由。想象一下，你手中有一笔足够的钱，这笔钱就像是一把钥匙，它可以打开许多门。比如说：居住自由。你可以选择住在城市中心的高楼大厦，享受繁华的都市生活；或者选择远离喧嚣，住在宁静的乡村，享受大自然的宁静；教育自由。你可以选择送孩子去最好的学校，接受最优质的教育，也可以让孩子在家自学，探索个性化的学习路径；生活方式。你可以选择成为一名旅行家，环游世界，体验不同的文化，也可以选择成为一名艺术家，专注于创作，追求内心的激情。

这时候，有些人就会跳出来了：说别跟我提钱，庸俗，我就喜欢简简单单、平平淡淡的人生。但只有经历过，你才可以说自己真的喜欢什么样的生活。我认为，大家应该在力所能及的范围内，合理地多去赚钱。因为有了钱，你就拥有了选择权。你可以决定是住五星级酒店还是青年旅社，而不是被迫接受唯一的选择。

如果你现在收入不多，尤其是年轻人，不要灰心。与其纠结我怎么还没赚到钱，还不如专注于自我成长，提升自己的价值。当你变得足够优秀，足够有价值时，赚钱就会成为一种自然而然的结果，而不再是你焦虑的源头。重要的是，让自己变得值钱，而不是一味地追求金钱。这样，你的生活会有更多选择，更丰富多彩。

**赚多少钱 = 你可以创造的价值**

**你能够创造多少价值 = 你拥有多大的能力**

没有财富的支持，一个人很难做到完全独立自主，因为经济压力会限制很多选择和行动的自由。在财务自由的状态下，人们可以将自己的兴趣爱好发展为事业。这样不仅能够享受工作的乐趣，还能实现个人价值，做自己真正喜欢做的事。

## 四、用学习来维持

黑格尔说："无知者是不自由的，因为他对立的是一个陌生的世界。"

认知局限性大，思想就会被加上一层枷锁。自由是建立在能力之上的，而能力则通过不断学习而获得。我们可以从书本中学习，从实践中学习，向生活学习，也向一切有经验的人学习，只有这样，我们才能掌握生存和生活的技能。

学习，应该怎么解读呢？

学，繁体字"學"，由 3 个部分组成：（1）上部分的"爻"：其本意是组成八卦的长短横道。这横道的纵横交错，象征着知识的丰富多样、相互关联以及不断变化的特性。就好像不同学科的知识相互交织，形成一个复杂而多彩的知识网络。（2）中间的"冖"，有覆盖和遮蔽之意。可以想象为是一座房子的屋顶，为学子们提供了一个安稳、不受外界干扰的空间，让他们能够心无旁骛地专注于学习。（3）下部的"子"，代表着孩子、学子。学子们在这如同屋顶般的保护之下，充满好奇与渴望地去探索上部那如丰富知识网络般的"爻"。比如，在古代，书院就是那个"冖"，为学子遮风挡雨，让他们在其中安心学习。而先生传授的经史子集、天文地理等各类知识，便是那变化无穷的"爻"。学子们则如"子"一般，怀着对知识的敬畏和追求，努力汲取着其中的养分，不断成长和进步。将这些部分结合起来，"學"字的繁体形式传达了一个学习者在教育者的引导下，在特定的学习环境中接受教育的概念。

习，繁体字"習"，由两部分组成。（1）上半部分是"羽"，表示鸟的羽毛。鸟飞的时候需要反复练习，以掌握飞行的技巧。（2）下半部分是"白"，这个字在这里可以理解为"说"或"告诉"的意思，也可以理解为表示时间的"白天"，强调了学习需要在日间进行，反复练习。将这两部分结合起来，"習"字传达了通过反复练习来掌握技能或知识的意思。在古汉语中，"習"

字常常用来描述鸟类学习飞翔的过程，由此引申出通过不断练习来熟悉和掌握某种技能的概念。

将"學"与"習"结合，我们便得到了学习的全貌：在知识的殿堂中，学生在智者的指引下，通过不断练习，将理论转化为实践，将知识内化为能力。

那什么是真正的学习呢？学只占 20%，习占 80%。回想一下：有不少人在学习的时候，热衷于拍老师的 PPT，但课后又有多少人打开手机再看？一般是躺在手机里，知识和智慧还给老师了。所以，学的真正目的到底是什么？学是为了习，只学不习，等于没学。

20% 的学：理论学习。包括阅读书籍、听讲座、观看教学视频等，它为我们提供了知识的框架和基础。这是学习的起点，帮助我们建立起对某个领域的初步理解。

80% 的习：实践学习。通过不断地练习、应用和反思来巩固和深化理解。实践是检验真理的唯一标准，通过实际应用，我们可以更好地理解理论，并发现理论在现实情境中的适用性和局限性。

正如龙应台写给她 21 岁儿子安德烈的一段话："孩子，我要求你读书用功，不是因为我要你跟别人比成绩，而是因为，我希望你将来会有选择的权利，选择有意义、有时间的工作，而不是被迫谋生。当你的工作在你心中有意义，你就有成就感。当你的工作给你时间，不剥夺你的生活，你就有尊严。成就感和尊严，给你快乐。"这段话清晰地阐述了学习与选择，学习与自由之间的关系。

学习不仅是学生时代的任务，而是一辈子的事业。要想有能力拒绝不喜欢的事情，就必须让学习成为一种生活方式。只有持续不断地学习，才能获得说"不"的资格。

### 五、用人格来放大

人们经常说的自由是身体的自由，而我们这里所说的真正的自由，是思想自由，这是自由的最高境界。因为人最终是精神的存在，心灵和思想的自由才是体现其真正高贵之处。没有独立的思想和自由的精神，人就如同行尸走肉一般。

获得思想自由是一个个体内心深层次的状态，同时也涉及外部环境和行为实践的一系列过程。我们不仅要认知自我和探索内心，还要接触多样的思想和观点，同时勇于表达和捍卫自己的观点，追求个人成长和自由的实践，这样才能获得真正的思想自由。

当然，尽管我们追求自由，但世界上并不存在绝对的自由。因此，我们不应该无条件地拒绝一切事物或人际关系。相反，我们应该理性地对待每一个重要的人和事，认真考虑它们对我们的意义和影响。这种态度帮助我们在自由与责任之间找到平衡，保持理性和成熟。

## 你也可以预判未来

在快速变化的时代，我们面临着前所未有的机遇和挑战。如何在多元的选择中找到自己的方向，实现个人目标？ CUP 法则，这种简单而有效的方法，可以帮助快速定位目标、指导行动。

CUP 法则是一种评估目标实现可能性的工具，也是确定一个事情是否能够成功的公式。它由确定性（Certainty）、紧急度（Urgency）和计划（Plan）三个维度组成。

Certainty，代表确定性，即你做一件事情成功的确定性有多大？首先，明确你想要达成的目标是什么，且目标需要具体、可衡量。这里，你可以使用 SMART 原则来配合设定目标。

假设你考虑报考研究生时，你可以先评估自己在班级和全系的排名，了解每年能考上研究生的人数。比如，目前在系里排名 20，而每年只有 10 个名额。这让我意识到，尽管我不是前 10 名，但只要我足够努力，我有大约 80% 的机会能够成功。而如果我现在排在 100 名，那么考上的可能性就会降低，可能只有 60% 左右。这个概率是根据我对自己情况的了解来评估的，通过这样的自我评估，我可以更清晰地了解自己的目标和需要付出的努力。

Urgency，代表紧急度，也可以说是优先性，当你所想要做的这件事情，跟其他的事情冲突的时候，你会选择优先做哪件事情？

假如你想考研，但同学约你去玩游戏，去逛街，去购物，或者说男朋友要跟你约会，诸如此类的诱惑。在与考研复习这件事情相比的时候，你会每次都优先选择什么？如果你每一次都优先选择考研，拒绝外界的一切诱惑，我就是除了正常的吃饭睡觉之外，我全力以赴地投入考研过程之中，那么你可以给自己打 100 分，也就是 100% 的优先性。如果你面对其他选择的时候，也想去购物，想去休闲，那么你考研的优先度就不是很高，有可能 80% 或者 60%，此时你可以给自己打一个分数，比如 80%。

**Plan**，代表计划，也可以说是细节性，评估是否有行动计划，以及这个计划是否具体可行。

假如你想考研，那你有没有做好详尽的计划？如果你准备用一年时间备战考研，那么这一年我要怎么规划：报什么补课班？买什么类型的资料？一年里的每一个月，我要如何复习？每一周，甚至每一天的安排都是怎样的？考研科目里有没有薄弱项，我该如何快速提升分数？优势科目又该如何备考？诸如此类，你是不是对这件事情有着足够的细节性的规划？如果你有规划但还是不够细，那么你也可以给自己打 80%。

CUP 法则公式为： 成功概率 =C×U×P。

根据 CUP 法则，当 C、U、P 的乘积远小于 60% 时，我们就需要进一步分析为什么出现不确定的问题。如果 CUP 值低于 60%，我们需要确认这是否真的是我们内心深处渴望达成的梦想。如果答案是肯定的，那么接下来要找出这三个要素中哪一个最弱，并集中精力加以改进。

如果是 C 最弱，可能意味着我们对外部干扰没有抵抗力，缺乏在任何情况下都能成功的信心；

如果是 U 最弱，这通常指向我们内心对于实现梦想的决心不够坚定。

如果是 P 最弱，那么问题可能出在我们的行动力上，需要制定更清晰的行动步骤。

通过识别并补齐这些要素中的短板，我们可以提高实现梦想的可能性，让 CUP 值回到一个健康的水平。

假设，针对考研这个事情，C 的分值是 80%，U 的分值是 80%，P 的分值是 80%，那考研成功的概率为 51.2%，也就是你预测了考研成功的可能性。这时，你对于自己整个情况有了一个初步了解。接下来，你需要做出具体的落地行动，如何提升自己的成功概率？

假定，C 暂时不变，调节 U、P 的数值。如果你的 U 是 60% 或 80%，那么你是可以通过主观努力来抵御诱惑，ALL in 在考研中，那 U 的数值就可以提升到 100%；如果你在 P 上，把细节度、精细度做到足够合理、可实操，再按照细节去坚决执行，严格意义上也可以把数值提升到 100%。如果这样的话，考研成功的概率就从原来的 51.2% 提升到 80%。

神奇的事情就出现了，你会发现：如果你把 CUP 法则里 U、P 的数值，通过主观的努力和能动性提升到 100% 的时候，那么 C 的这个确定性，也会自动地从原本的 80% 增加，甚至能达到 90% 及以上。

CUP 法则不仅是一种规划工具，更是一种生活哲学。通过 CUP 法则，我们可以在复杂多变的世界中找到自己的方向，实现个人的成长和成功。所以，当你得知了这个预测成功概率公式的时候，那你是不是就知道自己想要达成一个目标和一件事情应该怎么去做了呢？

## 舍的越多，得的越多

佛说：舍即得，得即舍，无舍即无得。何为舍？并不是全部舍掉，而是舍掉那些沉重的、烦琐的、让你走不远的负累和牵绊，留下那些轻快自在的美好，从而让你闪耀着含蓄、沉稳、从容的光芒。"舍得"，是一种智慧。一个人太"舍不得"，将所有的东西越抓得紧，越容易失去。看似，常常"舍去"东西的人，在亏损，其实，他所有舍去的东西，都会以另一种方式回归。

有人会说：我很迷茫、困惑，但不知道为什么，总感觉有什么东西牵扯着我？我也想舍，可我又有什么可以舍的呢？看看下面这个故事，也许你会有不一样的体会。

有一个人，特别烦恼和痛苦，急切地想要寻找解脱之道。于是，他出去寻找，走到一个草地上看到一个牧童边放牛，边坐在草地上吹笛子。"哎呀，这个牧童，无忧无虑的自由自在的真好"，于是，他就走上前去问这个牧童，"我看你如此快乐，你能不能告诉我你是怎么做到的呢？"牧童说："很简单，我坐在草地上吹一首曲子，我就很快乐啊。"他试了一下结果发现不管用，还是不能解决烦恼和痛苦。于是，他继续上路，又走到一个山洞里，看到了一个老者，容光焕发，很平静、很祥和，他一看一定是智者，就走上前去问这个老者。

"我看你如此洒脱，你是怎么做到没有烦恼的呢？"

老者问他："你到底想问什么？"

"有很多的烦恼缠缚着我，让我无法解脱，每天都很痛苦。"

"是谁缠缚着你呢？谁把你绑住了吗？"

"没有啊。"

"既然没有人把你绑住，何来的缠缚呢？"

回到生活当中，很多人都在讲，我很烦恼、我很痛苦、我很焦虑、我想出去旅行但舍不得钱、我想出去学习但我没时间，甚至我想出去参加一个聚会但我放不下孩子……那你看看，我们所有的痛苦都来源于哪里呢？来源于放不下，来源于不舍，都来源于舍不下手里的那点东西，舍不得手里的那点事情。

可是，我们都已经生活得那么痛苦，你什么都舍不下，唯独舍得让自己痛苦吗？我们只有懂得适当地舍下，调整自己的状态，提升自己的智慧，改变自己的思维，让自己的内心充满阳光，你才有能力回来重新拿得起来。

那到底是谁缠缚了你呢？那有什么放不下呢？

这个时候，又有人会说：我要放下，去追寻更好的自己。那到底该放下什么呢？放下压力？放下面子？放下过去？放下自卑？放下懒惰？放下消极？放下抱怨？放下犹豫？放下狭隘？

我想说，朋友，别扯了！还是先学会放下手机，放下这些念头，接近自己，了解自己，进而去修更好的自己。到那个时候，全世界都是你的。

希阿荣博堪布写的心灵随笔集《次第花开》，其中有一段话是这么说的："当你放下成见和伪装，不再焦虑和希求，你的内心才算真正敞开。人生是一场非常不容易的修行，我们总是把自己困在执念和过去的伤害中。其实早晚有一天你会明白，除了生死，其余的都只是擦伤罢了。"我想，所谓执念，只是得不到和对自己犯错的自我惩罚罢了。

在日常生活中，我应该如何实践呢？

### 一、舍得"小利"，获得长期成长

与人相处时，我们不应总是处处算计，而应学会舍得。这种舍得，其实是一种投资，它可能不会立即带来回报，但长远来看，却能带来意想不到的收益。渔民在捕鱼时，不会将网眼做得过小，这是他们对自然规律的尊重，也是对未来的深思熟虑。他们通过放走小鱼小虾，实际上是在保护生态平衡，确保资源的可持续性。

这种理念同样适用于我们的日常生活和职业发展：

（1）人际关系：在与人交往时，慷慨大方、乐于助人，能够建立良好的人际关系。这种关系在未来可能会为你带来支持和帮助。

（2）职业发展：在职业道路上，有时需要放弃短期的利益，比如加班费或短期奖金，以获得更多的学习机会和职业成长。这种长远的投资最终会转化为更大的职业成就。

（3）投资决策：在投资时，不应只追求短期的高回报，而应考虑长期的稳定收益。放弃一些高风险的短期投资，选择稳健的长期投资，能够带来更可靠的财富积累。

（4）个人成长：在个人成长的过程中，有时需要放弃一些即时的满足，比如过度的娱乐或消费，以获得更多的学习和提升自我价值的时间。这种自我投资最终会带来更丰富的人生体验。

（5）社会责任：在社会中，我们也应该学会舍得。比如，通过慈善捐赠或志愿服务，虽然短期内看不到直接的回报，但这种慷慨的行为能够为社会带来积极的影响，也能提升个人的幸福感。

通过这些实践，我们不仅能实现个人的成长和成功，还能为社会做出贡献，实现更大的价值。舍得"小利"，获得的不仅是物质上的收益，更是一种精神上的满足和成就感。这种舍得，最终会让我们获得更多。

## 二、舍得"面子"，获得高效人脉

优秀的人，往往懂得低调做人，他们不以自我为中心，不追求虚名，而是通过实际行动和真诚的态度赢得他人的尊重和信任。这种低调和真诚的态度，正是建立高效人脉的关键。真正的力量并不在于表面的光鲜，而在于深层次的人际链接和相互理解。他们通过以下方式深化这一理念：

（1）尊重他人：懂得尊重每个人的观点和立场，不因个人地位或成就而轻视他人。

（2）谦逊学习：保持谦逊，始终以学习者的心态与人交流，愿意从每个人身上汲取知识和经验，吸引更多志同道合的人。

（3）真诚合作：在合作中，展现真诚和开放，不隐藏自己的弱点，也不夸大自己的能力，促进更紧密的合作关系。

（4）共享成就：分享成功，将成就归功于团队和合作伙伴，增强团队的凝聚力。

（5）承担责任：在面对问题和挑战时，勇于承担责任，不推诿，不逃避，赢得他人的尊重和信任。

（6）持续关系维护：人脉关系的建立不是一次性的，而是需要持续地维护和拓展，通过定期的沟通和关怀，保持人脉的活力。

（7）感恩之心：对帮助和支持过自己的人怀有感恩之心，通过实际行动表达感激之情，促进人际关系。

在人际交往中，一个人若能放下对"面子"的执着，不因一时的虚荣而与他人争执，往往能够赢得更深层次的尊重。这种放下，不是懦弱，更多的是智慧和自信。舍弃表面的"面子"，获得高效的人脉，为自己的事业、人生助力。

### 三、舍得分享，获得超额收益

一个人的力量是有限的，想要把事业做得更好，往往要舍得分利，实现共同利益最大化。老子说："天下之道，不争而善胜。"

在团队中，懂得"舍弃"利益那个人，往往是团队的灵魂人物。因为，需要他整合队伍，成为所有人的支柱。他们知道，只有心往一处想，劲儿往一处使，才能让团队的力量迸发出惊人的火花。

当我们在合作时，如果能放下眼前的小利，让伙伴们感受到温暖，他们就会怀着感激的心，愿意投入更多的热情，与你并肩作战。一个人再怎么努力，也比不上一个团结的团队。当我们能够激发每个人的潜能，哪怕要分出一部分成果，最终我们收获的，将是团队的荣耀和认可。

越是懂得放下，我们得到的就越多；越是能够分享，我们的路就越宽阔，我们的未来就越光明。这是一种智慧，更是一种力量，让我们在人生的道路上，走得更远，飞得更高。

电影《卧虎藏龙》中有这样一句话：你握紧拳头，手里什么都没有。你松开十指，却能拥有整个世界。人生也是如此，越是舍不得，就越会失去，当你看淡的时候，反而会靠近你。舍得，不是放弃，而是一种更高层次的拥有。

# 和内心对一次话

人生路上充满了各种未知，谁都不知道即将面对怎样的挑战和困难。每个人都有自己的方向和目标，但随着人生之路的不断延伸，在未到达终点之前，很多人都会对自己曾经的选择产生怀疑。有了怀疑，信念就会动摇，信念动摇了，就不可能全心全意地奋斗，会感到力不从心，甚至干脆趴在地上，不再前进。这时候，你首先要弄明白一件事，思想决定行动，心态决定思想。

心态是什么？是一个人的思想状态和观点。抛开外因来讲，不论你是逾越困难还是太过疲劳，表象上的体现都是止步不前，而本质上都是由你的思想状态和观点决定的。明白了这个道理，你应该做的就是停下来，和你的内心进行一次对话。

无论你现在正处于什么样的状态，就算你的人生之路依然一帆风顺，从现在开始，把眼睛闭上，把心放平，仔细地感受自己的心跳，直到你的头脑里再无杂念为止。

## 一、你的心有多高?

你的心有多高？这当然不是问你的心脏海拔，而是你的目标、你的方向，你想达到什么样的目标，你想走一条通向何方的路。

每个人都经历过对前途迷惘的年纪，那个时候我们还小，看不清事物的本质和发展方向，尤其不确定自己想走的是什么样的道路，所以很容易被别人的意见左右。

随着年龄的增长，我们逐渐走向成熟，有了自己的主见，一般的事情会自己拿主意，只有在不完全确定的情况下，才会征询别人的意见，但也只是征询，最终的决定权仍然紧握在我们自己手里。

但有一部分人，从小就没有主见，成熟以后依然掌控不了自己。这样的人生是悲哀的，这样的人也是失败的。就像歌里唱的"敢问路在何方"一样，他们逮着谁就问谁"怎么办"，而自己却从未仔细思考过该走哪条路。

这类人为什么找不到属于自己的路？因为他们没有主见。为什么没有主见？因为他们的心里没有方向。在不明方向的情况下，谁会知道该往哪边走呢？要么停在原地打转，要么随波逐流。

一般情况下，人们在拿不定主意的时候，都会理所当然地认为大多数人的说法是对的，所以哪个建议被人提出得多，他就走哪条路。我们也不能说大多数人的建议都是错的，但至少也有错的时候，而且无论对错，这里面都存在两个问题：你的人生，由谁来活？你的命运，由谁来操控？想必很多人都无法理直气壮地回答出"我做主！"这时候，我们应该做的事，就是为自己寻找另一个答案，一个关于"我是谁"的答案。

先不用考虑别人给自己的评价，你只需要结合对自身的了解来给自己一个合理的定位：你是在校学习阶段，还是刚刚走出校门？你是已到"而立"之年，还是已年届不惑？你最擅长的是什么，你最恐惧的又是什么？你最喜欢做的事是什么，你最讨厌的事情又是什么？想好了这些问题，把它们归纳到一起，你就知道自己是谁了。

现在，你的面前有一张纸，上面详细地罗列了你目前的情况，以及你的好恶和你的能力。除此之外，你还需要回答一个很重要的问题，这个问题的答案可能会贯穿你人生的始终：我的方向在哪里？

只有确定你的方向，才能确定你要走哪条路。根据自己的情况，为自己确定一个方向，可能你希望的方向有很多，不要紧，把它们全部罗列出来，再写到一张纸上。看着这张纸，可能你又开始犹豫不决了，因为你不知道该选择哪一个。

人们不能确定自己的路，一般有两个原因：一是难取舍，觉得哪个都好，哪个都放不下；二是恐惧，对未知的恐惧和对结果的恐惧，害怕失败。不过不用纠结，问题就快解决了。

首先，在这几个方向中选取几个你认为的"最"：最可能行得通的，最难行得通的，最想走的，最不想走的。如果对于某些方向不确定，不要紧，把它们暂时放在一边。然后留下最可能行得通的、最想走的和不确定的，把不想走的、最难行得通的和其他一些割舍掉。

现在，在留下来的这些方向中选取一个继续问自己：这条路是我喜欢的吗？这条路适合我吗？这条路的成功概率有多大？我能否坚持把这条路走完？如果失败了，我能否承受得起后果？失败以后，我能否走其他的路？

同样的问题，对每条路都询问一次，一次不行就反复问、反复衡量，直到最后只剩下一条路为止。当然，你也可以留下一条或两条备选的路，万一前路不通，你还可以转道而行。

最后，你只需把那些被淘汰的路擦去，再把所有的问题重复一遍：我的人生由我做主，我的命运由我操控，我是这样一个人，我要走的是这样一条路！

这时候，恭喜你，获得了 25 分。

## 二、你的心，有多大的承受力?

面对困境，需要有足够的勇气去承担，你有足够的勇气吗？如果前路太难，你的身体累了，那么休息片刻即可再次上路；如果心力交瘁，你就得给自己打一针强心剂。

无论你走的是一条怎样的路，结果只有两个：要么成功，要么失败。成功了自然是好事，如果失败了呢？现在，就让我们再一次想象失败，并且预想一个最坏的结果。当你面对这个最坏的结果时，你需要做的事就是深呼吸，把大量的氧气吸进肺里，然后憋气，在你实在忍不住的时候，缓缓地吐气，把身体里的浊气尽量呼出去。然后告诉自己：我还活着，我还健康，所以我还有机会重新再来。如果你感觉没有一丝力气，那就重复深呼吸，直到你觉得所有力气都回到了自己的身上，你便又得到了 25 分。

没有人的人生是一帆风顺的，总会有起伏，有开心和不开心，有顺境和逆境。就像人的心电图，总是上下波动，代表我们还活着。如果心电图变成一条直线，就意味着这个人的生命已经结束了。

人生又如爬山，山峰与山谷连绵不断。如果只停留在一座山峰上永远不下来，就永远无法攀上更高的山峰。

2019 年年末疫情期间，教培行业处于低谷。我原本专注于线下大学生素质能力培训，结果疫情导致业务完全停滞。当时我意识到，虽然处于低谷，但并不完全是坏事。在低谷中看见未来，并且相信未来，才能积蓄力量，攀向更高的山峰。这种心态让我熬过了漫长的疫情，并成功转型到线上教育，发展速度甚至是疫情前的几倍。全新升级的产品帮助了更多学员，进一步实现了我"让天下没有迷茫的年轻人"的使命。相比之下，许多同行业者却未能熬过这个困难时期。

所以，高峰和低谷是人生的常态。每次遇到逆境时，只要我们能够接纳起伏，积蓄力量，坚定信念，最终一定会迎来更美好的未来。

### 三、你足够努力吗?

生活是一场长跑，而理想是那遥远的终点。在这个过程中，"努力"是我们不断向前的动力，它不是一时的激情，而是持之以恒的行动；不是偶尔的尝试，而是不懈的坚持。

而对于你，"努力"可能意味着在清晨的第一缕阳光中醒来，开始新一天的奋斗；可能意味着在夜深人静时，依然坚持着对知识的探索；可能意味着在面对困难和挑战时，不放弃、不退缩的勇气。

当你清楚为什么而拼命，当你明白为什么要不懈坚持，当你不再害怕问自己："你足够努力吗?" 恭喜你，你又得到了 25 分。因为你知道，每一次的努力，都是对生活的热爱，对理想的尊重。你的每一分付出，都在为你的未来铺路，为你的梦想添砖加瓦。

我刚上大一的时候，是一个特别自卑的女孩。我出身农村，从小到大没见过外面的世界。第一次坐公交车、火车都是去上大学的路上。由于家庭贫困，我的穿着土里土气，连点个肉菜都要犹豫半天，更别提什么兴趣爱好了。

站在讲台上，我的声音总是颤抖的，我内向、自卑，总是躲在教室的角落里，生怕成为关注的对象。

尽管如此，心中有一个声音告诉我要立志改变自己。我明白，虽然不能选择出身，但我能选择未来。大学是我自立的起点，我要用自己的双手承担起生活乃至社会责任。我坚信，只有经济独立，才能有人格的独立。

为了赚钱，我拼命尝试各种工种：食堂兼职、超市导购、发宣传单、饭店服务员、跑腿取快递等。但这些工作并不能提升我的能力，只会耗费我的精力。于是我决定靠脑力劳动赚钱。

首先，我需要提升自己。我算了算，大学四年，空余可供自由支配的时间竟有近 180 天。于是，我决定利用这些时间给自己充电。说干就干，我报名参加了英语培训，尽管学费几乎耗尽了我所有的生活费，但我还是咬紧牙关。因为我知道，投资自己比眼前的温饱更重要。

为了不辜负自己，我拼命学习：每天清晨 6 点，无论冬寒夏热，我都准时起床学习。为了"逼"自己一把，我向室友公开承诺"每天早上 6 点钟起床学习英语，否则罚款 500 元请大家吃饭"。这个承诺成了我坚持的动力。一年的坚持，让我的英语能力突飞猛进。从大二开始到毕业，我坚持每周末兼职教课，每周工作 40 小时以上。虽然辛苦，但我感到生命的价值在奋斗中绽放。

毕业后，我更加拼命：每周工作超过 80 小时，白天工作，晚上学习，不断提升自己。通过不懈的努力，我获得了许多优秀企业的工作机会，一些公办学校、央企，甚至世界 500 强企业，都向我伸出了橄榄枝。

轻舟已过万重山，回顾往昔，我非常感谢当年拼命的自己，少年追梦，青春无悔。

我相信，每个人都可以通过努力改变自己的命运。无论是大学时的奋斗，还是工作后的拼搏，都会让我们一步步迈向更好的未来。

我可以，我相信你也一定可以。

## 四、你累了吗？

接下来，你一定要询问自己的内心：你累了吗？如果回答是否定的，那很好；如果答案是肯定的，那你需要调节一下自己。

那怎么调节和控制自己的情绪？在这里，我要给大家讲解一种调节和控制情绪的方法，叫作"聆听公式"。这个公式有三个层次：第一个层次是语言；第二个层次是情绪；第三个层次是意图。我们绝大多数人很容易按照别人语言的表面意思去理解，殊不知语言表面所传达的意思往往并非说话者真心的想法和意图。

"听"的繁体字是"聽"，左边是一个耳朵下面一个王，后边是十只眼睛一颗心。所以听不仅仅要用耳朵，还要用十只眼睛和一颗心，也就是用眼和心来听，这样你才能够真正听懂对方的话。只有那些真正懂得聆听的人，才能够真正掌控自己的情绪，成为王者。

我大二时由于经常兼职，有了一点收入，便非常心疼在家辛苦劳作的父亲。过年回家时，我发现父亲的牙刷已经磨损得几乎没有毛，只剩下一块板儿了。心疼之余，我赶紧去超市给他买了一把新牙刷。第二天早上，父亲发现新牙刷后大发雷霆，把我打了一顿，还把牙刷掰折，愤怒地骂我："你是不是有钱了，开始装犊子了？不知道怎么嘚瑟了吧？装什么装！"

父亲的话骂得很难听，还夹杂着脏字，在外人听来可能难以接受，也可以说他不识好歹。但是当时的我却无比冷静，因为我听懂了他这些话背后的深意。父亲的话虽然表面上特别难听，但实际上他的情绪中充满了对我的担心、无奈、爱和恐惧。他的愤怒和挫败感源于他觉得自己无力帮助我，还需要我来帮他买一把牙刷。

在这些情绪背后，父亲的意图是希望我能照顾好自己，把钱花在自己身上，专注于自己的梦想和未来，不用为他操心。他希望我过得好，这样他也能安心。对父亲责骂的理解使我更加心疼父亲，也使我备受激励，决心更加努力奋斗，给父亲一个幸福无忧的晚年。

除了聆听法，我们还可以用换位思考法和自我放松法来调节和控制情绪。

换位思考法即站在对方的角度去思考问题并找到原因，然后回到自己的内心，告诉自己不要激动，这件事是有原因的。

自我放松法则是多参加一些休闲运动，多进行一些锻炼，暂时放下工作，给自己放个假。这样一来，你的心将会得到舒缓，整个人感觉年轻了许多，身体和心理都充满了力量。

学会调节和控制自己的情绪以后，你又拿到了 25 分。

至此，你再次确定了心灵的高度，确定了你要走的路和选择的方向，也做好了最坏的打算，自认为可以承受所有好的和坏的结果。与此同时，你也调整好了心态，并在一些休闲运动中完全放松了自我，你觉得自己再次焕发出勃勃生机。

OK，现在你需要做的事，就是郑重地把这张 100 分的答卷叠好，放到你贴心的口袋里，继续启程。

## 写在最后
### 给十年后的自己写一封信

多数人的寿命在七十年左右，假设每个人都能活到七十岁，那么每个人的一生都拥有七个十年。你现在是什么情况？你的人生已经过去了几个十年，还有几个十年可活？还记得十年前的你是什么样的吗？现在的你又是什么样？你希望十年后的自己是什么样呢？给十年后的自己写一封信吧。

十年后的我：

你好，你应该知道我是谁吧？我是十年前的你。

还记得十年前的你吗？那时候你总是不停地问自己，"我究竟想要什么？我该怎么做？"你愤怒、抓狂，四处寻找答案。现在你应该已经找到答案了吧？

现在的你在做什么呢？是在公司办公室、公交车上、马路边、轿车后座，还是在家中的书房读这封信？

你现在过得还好吗？有没有换工作？工作顺利吗？赚的钱够花吗？结婚了吗？孩子听话吗？父母身体还好吧？

十年前的你朝气十足、锋芒毕露，觉得世上无难事，只要肯努力，早晚能成功。现在呢？想想那时的你，是不是觉得有些好笑？你有没有学会收敛锋芒，认识到世界的广博？你不会还痴心妄想着统治世界吧？

十年前的你觉得自己有的是时间，可以肆意挥霍，你甚至经常嚣张地说："年轻是我最大的本钱！"现在呢？你已经不再年轻，当你的生命又滑过了十年，你还在浪费时光吗？你知道"一寸光阴一寸金"了吧？你有没有悔不当初？

十年前你总说青春无悔，所以在做人做事时总想着"对得起自己"，不考虑后果，只要想做的就一定要去做。你碰壁无数，把自己搞得一团糟。现在呢？想想你失去的青春，心里是什么感觉？失落？后悔？如果你不觉得后悔，那就好好珍视你的现在吧。

那时的你还没有属于自己的家，爱情只是时有时无的调剂品，你没想过为人父母是什么感觉。现在你结婚了吗？你的爱人是什么样子？你们相爱吗？共处的时间多吗？你们会经常吵架吗？会在愤怒的时候动手吗？

虽然那时你拼命工作，可赚的钱总是不够花。你有太多花销，请朋友吃饭、买名牌衣服、去旅游、去夜店酒吧"嗨"。你从没有住过五星级饭店，出差住三百元的宾馆就已经不错了。现在告诉我你的薪水吧，你应该住上了更大更豪华的房子，这套房子一定花了你很多钱。夜店你应该不去了吧？出差还为选择宾馆发愁吗？

那时你的父母身体还硬朗，他们嘴上说着让你在外闯荡，其实心里希望你能回去陪他们。你也很想回去，只是工作不允许。其实你也知道这只是一个借口——如果你真的要回，没人能够阻拦你。现在，你的父母还健在吗？身体还好吗？不要只顾工作，多陪陪他们。如今你也为人父母，应该能够体会到他们的心情了吧？替我告诉他们，我一直都爱他们。

那时你渴望去远方，锻炼自己、发展自己。你四处漂泊，家的温暖只是梦中的渴望。现在你稳定了吗？你应该结束了漂泊的日子，有了稳定的居所和工作。你的身体被我折腾得不成样子，现在是否感觉力不从心了？注意饮食吧，多调节，要爱自己哦！

十年前，当你看着别人开着私家车风驰电掣时，你心里总是痒痒的、恨恨的，有时甚至会气得把手里的工作一摔，"不干了，这么辛苦，要多久才够买一个车轱辘"！有时候你却更加努力，因为你为自己立下了一个目标。现在你开什么牌子的车？你不会还没买车吧？是不想买，还是买不起？天哪，枉我这么努力拼搏，为的就是让你买上一辆喜欢的车！都怪五年后的我？好吧，我会再给他写封信的。

十年前你总爱冲动，"哥们儿义气"是你最重要的东西。为了朋友你可以两肋插刀，却总是被朋友利用。即使这样，你还义无反顾地护着他们，你说"我只要对得起哥们儿就行，因为我够意思"！现在你的那些哥们儿还在吗？还有谁留在你身边？你是不是认识了很多新朋友？这些新朋友是真心朋友吗？你还冲动吗？还动不动就"够意思"吗？

十年前你异常耿直，不管遇到什么不顺眼的事都会讨个公道，为此得罪了不少人，有些朋友也因此和你断绝了来往。现在你应该知道"高调做人，低调做事"了吧？还有什么人什么事是你看不顺眼的吗？有没有又得罪很多人？和那些曾经断绝来往的朋友联系过没有？我想你应该已经解决了那些误会和不快吧。

十年前你总是丢三落四，不是忘了这就是忘了那，有时候甚至会在曾经熟悉的街道迷路。你的"半途而废"的档案怎么样了？有没有又往里面增加了什么项目？现在应该彻底清空了吧？我想你现在一定是个成功者，不管做什么事都能有始有终，对吧？

那时候思考对于你来说是件很难的事，一遇到问题就茫然，恐惧挫折和失败。好的时候你会思考一下，不好的时候干脆逃避，甚至一蹶不振、破罐子破摔。这十年来，你遇到过什么样的挫折和失败？你是如何对待的？现在你还总是心存恐惧吗？现在的你，应该能够脚踏实地地工作，踏踏实实地做人，快快乐乐地生活了吧？你一定会通过努力、勤奋、耐心和智慧取得巨大的成功，你也会用善良、正直、宽容和人格魅力打动很多人，成为一个很受欢迎的人。

这十年的变化一定很大，现在你又走过了一个人生的十年，有没有想过下一个十年的你是什么样呢？那时你可能已经行将就木，我、你和十年后的你，其实就是一个苦，一个甜和一个回味。

还好，通过这十年的人生历练，我知道应该如何面对挫折和失败，知道如何鼓励自己。我知道苦只是暂时的，只要我吃够了苦，就一定会甜。这样，当十年后的你再回味的时候，就会笑，真挚地笑，而不是遗憾，就像你现在的遗憾也不像当年那么多一样。

好了，就说到这里吧。看过这封信，你也应该动笔写一封了。不是给我回信，而是给下一个十年后的你自己，问问他过得怎么样，有没有遗憾，有什么新突破和新收获。

最后的最后，分享一首我写的诗《假如，我死了》，感恩你走进我的世界。

我死了，

我的爱人啊，

回看这一生遇见你，我无怨无悔，

遇见你，是我最美的时刻，所以我美了一生；

你不要哭，我在另外一个世界里等你，

下辈子我们还会在一起，

这个世界，你在我就在，

我把灵魂留给你。


我死了，

我的父母啊，

此生能为您的女儿，我深感庆幸，

这一生，您已尽您所能，给我所有，

您是我不愿与任何人交换的父母，

这一生无论我为您做了多少，都不及您给予我生命的恩情；

您不要哭，天下您爱的，

都是您的孩子。


我死了，

我的儿女啊，

母亲肉体的离开只是我们表象的别离，

只要你们无论何时都能保有善良、坚强、利他、爱人，

我会化成这些品质一直陪在你们身边，

想我的时候，

就去帮助身边需要的人吧，

难过时，失意时，成功时，喜悦时，

母亲都在你身边。


我死了，

我的老师们啊，

感恩上苍让我遇见您，

是您给了我一次又一次的新生，

为我在红尘修行时指路，

遇见您，遇见了光，

遇见您，生命变得更有力量，

遇见您，未来终是美好。

您不要难过，您所授，已随我的灵魂生生世世。


我死了，

我的朋友们啊，

我们是几世的缘分，

才修来今生成为朋友啊？

我把任性给了你，

我把秘密给了你，

我把泪水给了你，

谢谢你给了我信任、温暖、支持与爱，

你不要哭，友谊地久天长。

我死了，

所有帮助过我的人啊，

谢谢你出现在我的生命里，

你是心中干渴时的雨露，

你是孤独无依时的阳光，

你是大雨滂沱时的屋檐，

我把你的爱来延续，

作为最好的回报，

谢谢有你。

我死了，

所有我帮助过的人啊，

也愿你将爱来延续，

愿所有的美好与你同行，

谢谢你接纳我出现在你的生命里。

来自：十年前的你